Frank Martin Püschel

# RADICAL CHANGE

Frank Martin Püschel

RADICAL CHANGE

Nachhaltig, sozial und trotzdem
profitabel im Business

Frankfurter Allgemeine Buch

**Bibliografische Information der Deutschen Nationalbibliothek**
Die Deutsche Nationalbibliothek verzeichnet diese Publikation in der
Deutschen Nationalbibliografie; detaillierte bibliografische Daten sind im Internet über
http://dnb.d-nb.de abrufbar.

𝔉𝔯𝔞𝔫𝔨𝔣𝔲𝔯𝔱𝔢𝔯 𝔄𝔩𝔩𝔤𝔢𝔪𝔢𝔦𝔫𝔢 **Buch**

© FAZIT Communication GmbH
Frankfurter Allgemeine Buch
Frankenallee 71–81
60327 Frankfurt am Main

Umschlag: Jan W. Hofmann, Frankfurt am Main
Titelbild: © thinkstock
Satz: Uwe Adam, Freigericht, www.adam-grafik.de
Druck: CPI books GmbH, Leck
Printed in Germany

1. Auflage, Frankfurt am Main 2018
ISBN 978-3-96251-027-5

# Inhalt

# Einleitung

Die Natur des Menschen ist hochkomplex. Unsere Triebe und Emotionen, unsere vielschichtige Intelligenz, unsere Umwelt und unsere Erfahrungen bestimmen unser Wesen und somit auch, wie die Menschheit ökonomisch agiert. Im Laufe unserer Geschichte haben wir Menschen immer komplexere Stadien des Wirtschaftens erschaffen, mit unterschiedlichen Auswirkungen.

Es begann im ersten Stadium mit dem Menschen als Jäger und Sammler, und der erwünschte Effekt war das reine Überleben. Als zweite Wirtschaftsform kam später der Tauschhandel auf, bis als disruptive Neuerung das Geld als übergeordnetes Tauschmittel quasi die Phase Wirtschaft 3.0 ermöglichte. Es folgte mit Phase Wirtschaft 4.0 die Globalisierung, mit fantastischen Chancen für die Bewohner der reichen Welt und teils katastrophalen Folgen für jene der armen Welt sowie der extremen Ausbeutung der Natur als Ganzes.

Nach der Globalisierung kam die Technisierung, und dies ist als Phase Wirtschaft 5.0 unser heutiger Stand. Die Technisierung wird eine völlige globale Vernetzung bewirken, sowohl in der Industrie – bekannt als Industrie 4.0 – als auch bei den individuellen Menschen. Als ihre Kinder gebärt die Technisierung zurzeit Quantencomputer und Künstliche Intelligenz, mit heute nicht abschätzbaren Chancen und Risiken für die Menschheit.

Bei alldem verliert man leicht das Gefühl für die einfachen, aber oftmals doch wesentlichen Dinge. Wir sollten uns zu Anfang deshalb diese einfache Frage stellen:

Ist alles gut?

Hierzu ein Blick auf die Wissenschaften. Denn die Natur-, Geistes- und Wirtschaftswissenschaften sollen die Natur unseres Seins beschreiben, ordnen und mittels Forschung positiv weiterentwickeln. Wissenschaft ist dabei kein Selbstzweck, sondern es gibt für den die Wissenschaft mitfinanzierenden Steuerzahler immer auch einen Anspruch an Verbesserung: z. B. dass die Medizinwissenschaft Krankheiten besiegt oder die internationale Politikwissenschaft Kriege verhindert.

Betrachtet man die heutige Welt, dann stellt man fest, dass speziell die Wirtschaftswissenschaften einschließlich der Wirtschaftsethik bis heute kein Wirtschaftssystem entwickeln konnten, das eine ganzheitlich positive Entwicklung der globalen Wirtschaftswelt bewirkt hätte. Sie verharren entweder in meist reduzierter Deskription des Status quo oder entwerfen Modelle, die Komplexität und Chaos der Wirklichkeit nicht vollumfänglich abbilden. Es gibt seitens der Wirtschaftswissenschaften bis heute keine Anleitung für eine Wirtschaftsordnung, die einen quasi idealtypischen ökologisch-sozialen Zustand unseres wirtschaftlichen Agierens definiert und sich dabei in der Praxis bereits bewährt hätte – ein System, in dem nicht nur wenige, sondern alle Menschen sowie die Natur in einem harmonischen Miteinander existieren. Sowohl Kommunismus und Sozialismus als auch das Konzept einer sozialen Marktwirtschaft

(s. Ludwig Ehrhard: „Wohlstand für alle") haben als ökonomische Entwürfe bei der Schaffung einer globalen öko-sozialen Harmonie in der harten Realität bislang versagt.

Weniger akademisch ausgedrückt: Eine einzige Schüssel gekochter Reis kostet in Indien ca. 1,50 US-Dollar. Laut des Berichts der Vereinten Nationen über die menschliche Entwicklung aus dem Jahr 2014 verfügen 2,7 Milliarden Menschen und damit 50 Prozent aller weltweit Erwerbstätigen für sich und ihre Familien über Gesamteinkünfte von maximal 2,50 US-Dollar pro Tag.

Ist also alles gut? Definitiv nein!

Deshalb fordert dieses Buch eine weitere Entwicklungsstufe des Wirtschaftens. Unsere globalisierte und technisierte Menschheit benötigt nach meinem Dafürhalten mit Wirtschaft 6.0 eine geistige Evolution, um begangene ökologisch-soziale Schäden zu heilen und neue Schäden zu vermeiden.

Die wesentlichen Akteure im Bereich der Wirtschaft sind die Unternehmen. Sie existieren heute primär, um Profit zu erwirtschaften. Sie beeinflussen hierzu Konsumenten, kämpfen um Marktanteile, um Macht und nicht zuletzt deshalb auch um politischen Einfluss. 49 der mächtigsten 100 globalen Wirtschaftseinheiten (Unternehmen und Staaten) sind heute bereits Unternehmen, und ihre Macht wird steigen. Die Firma Alibaba (China) möchte bis zum Jahr 2036 die fünftgrößte Wirtschaftsmacht der Welt sein, hinter China, Europa, Japan und den USA!

| STADIUM | SCHWERPUNKT | PRIMÄRER EFFEKT |
|---|---|---|
| Wirtschaft 1.0 | Jagen und Sammeln | Überleben als Individuum und Gemeinschaft |
| Wirtschaft 2.0 | Tauschhandel | Sozialer Wohlstand für die Gemeinschaft |
| Wirtschaft 3.0 | Geldwesen | Individueller Reichtum vs. sozialer Verträglichkeit |
| Wirtschaft 4.0 | Globalisierung | Machtanhäufung der Unternehmen vs. öko-soziale Missstände |
| Wirtschaft 5.0 | Technische Evolution | Globale Vernetzung bis hin zu Künstlicher Intelligenz |
| Wirtschaft 6.0 | Geistige Evolution | Ökologisch-soziale Harmonie |

*Stadien des menschlichen Wirtschaftens: Vergangenheit und mögliche Evolution*
Quelle: Frank Martin Püschel

Für das Ziel einer Wirtschaft 6.0 habe ich deshalb speziell für Unternehmen und deren Interessengruppen ein neues Konzept des Wirtschaftens entwickelt: TRI-MONY.

TRI-MONY ist die Abkürzung für „Triple Harmony Economics". Das Ziel ist eine radikale dreifache Harmonie im menschlichen Wirtschaften, in der die monetären, ökologischen und sozialen Bedürfnisse der folgenden Gruppen bedient werden:

- Unternehmensinhaberschaft: Profitanteil, Risikozins, Inflationsausgleich.
- Die Welt innerhalb eines Unternehmens: soziale Sicherheit, faire Entlohnung, ökologischer Footprint.

- Die Welt außerhalb eines Unternehmens: soziales und ökologisches Engagement in der „Wirkwolke" (s. Seite 61) des
  Unternehmens.

TRI-MONY zeigt einen neuen Weg auf, Unternehmen angesichts ihrer nicht nur positiven öko-sozialen Bilanz und der
faktischen Disharmonie der globalen Wohlstandsverteilung
eine einfache und zugleich radikale Lösung anzubieten. TRI-
MONY soll speziell Firmeneigentümer und Investoren dazu
auffordern, ihr primär monetär orientiertes Verhalten zu modi-
fizieren: radikal mehr Soziales zu unternehmen, ohne dabei
nicht zumutbare persönliche Einbußen zu erfahren, und durch
einen Wechsel der Perspektive eine neue Harmonie im eigenen
wirtschaftlichen Tun zu finden, die über monetären Reichtum
hinausgeht.

Mein Name ist Frank Martin Püschel (48 Jahre). Ich bin nicht
religiös, ohne politische Parteizugehörigkeit und Unternehmer.
Seit Ende 2012 beschäftigen wir uns in meiner Firmengruppe
(China/Deutschland) mit den Inhalten von TRI-MONY. Unser
Versuch der Umsetzung ist kein geradliniger Weg des Erfolgs,
sondern wir stoßen ständig auf neue, vor allen Dingen ethische und kulturelle Herausforderungen. TRI-MONY hat sich
seit den Anfängen deutlich weiterentwickelt. Das Finden eines
Weges, um Profitstreben und soziales unternehmerisches Wirken bestmöglich und radikal in Einklang zu bringen, ist extrem
spannend, und heute, im Jahr 2018, liegt der Weg und damit
die Lösung der Umsetzung klar vor uns. Es funktioniert.

Das folgende Buch dient dem Zweck der Vorstellung einer neuen Art des radikal öko-sozialeren Wirtschaftens. Die ersten zwei Kapitel beschäftigen sich mit der aktuellen Situation in unserer Wirtschaftswelt. Die hier gezeigten Zustände entstammen – bei allem Bemühen um Objektivität – immer auch einer subjektiven Wahrnehmung. Dieser Teil ist bewusst sowohl kurz gehalten als auch kein streng wissenschaftliches Werk, denn das Buch soll allen Menschen und nicht nur Fachspezialisten leicht zugänglich sein. Ziel ist es, den Leser zügig in das Gebiet einzuführen und daraufhin auf leicht verständliche Weise das Konzept von TRI-MONY zu erläutern. Das Buch darf dabei gern polarisieren.

Unabhängig von einer Detailmeinung zu Einzelaspekten ist es wichtig, dass wir uns als Gesellschaft überhaupt mit dem Gesamtkomplex des Schaffens von mehr globaler Gerechtigkeit auseinandersetzen. Die Wissenschaften haben hierbei beileibe keinen Alleinstellungsanspruch. Beste Beispiele für die Begrenztheit der Wissenschaften sind die aktuelle Null- bis Negativzinspolitik der Finanzmärkte oder das verstärkte Aufkommen von Kryptowährungen. Beide Themen wurden vom Mainstream der zuständigen Wissenschaften weder als ökonomische Idee entwickelt noch wurde ihr jeweiliges Aufkommen frühzeitig vorhergesehen. Im Gegenteil, erst als die Dinge passiert waren, wurden sie schlussendlich erstaunt und mit Zeitverzug zur Kenntnis genommen.

Vor diesem Hintergrund ist dieses Buch zu sehen, denn als Unternehmer habe ich nicht die Zeit, auf Lösungen durch Dritte zu warten. TRI-MONY funktioniert theoretisch für jede

Firma. Es ist ein Modell des Wirtschaftens, das die Welt öko-sozial fairer werden lässt, ohne auf politische oder wirtschafts-wissenschaftliche Lösungen warten zu müssen.

**Hinweis:**
Am Ende des Textes findet sich eine Sammlung an Literatur-verweisen. Zugunsten des Leseflusses wurde auf Verweise auf einzelne Textseiten sowie auf die Verwendung des Binnen-Is (SchülerIn/ArbeiterIn) verzichtet.

# 1 Die öko-soziale Schadensbilanz des Menschen

Die heutige Unternehmenswelt basiert mehrheitlich auf dem Konstrukt des Kapitalismus. Es mag hierbei aufweichende Varianten geben, wie z. B. die „soziale Marktwirtschaft", aber die Unterscheidung dieser Varianten ist letztendlich nicht zielführend. Der Kapitalismus hat als Erschaffer oder Bewahrer einer ökonomischen Gesamtharmonie dieser Welt versagt.

Begründungen sind folgende:

## 1.1 Öko-soziales Marktversagen durch den Faktor Mensch

Oft ist zu lesen, dass sich in den vergangenen Jahrzehnten vieles verbessert hätte: Die Rate für Kindersterblichkeit sinkt, die weltweite Armut geht zurück, das weltweite Durchschnittseinkommen steigt, die Mittelschicht wächst (z. B. in China), und immer mehr Menschen haben Zugang zu sauberem Trinkwasser. Zahlreiche Staaten, Philanthropen, NGOs (Non-Governmental Organizations) und NPOs (Non-Profit Organizations) bis hin zu supranationalen Einrichtungen wie den Vereinten Nationen investieren viel Zeit und Geld, um die Missstände der Erde zu beheben. Wo also ist das Problem?

Die Antwort: All diese Bemühungen sind ein Tropfen auf den heißen Stein. Immer noch leben heute Milliarden Menschen in bitterer Armut, während Firmen und deren Inhaber die Probleme ungelöst lassen und immer mehr Reichtum anhäufen.

Weiterhin gibt es ein Verteilungsproblem, und die reiche Welt ist nicht bereit, zugunsten der Armen substanziell Verzicht zu leisten.

Für den Konsum der Reichen schuften Wanderarbeiter in Asien für einen Hungerlohn unter nachweislich gesundheitsgefährdenden Bedingungen. Noch schlimmer ergeht es quasi versklavten Kindern in den Minen Afrikas. Immer noch werden jährlich Waldflächen so groß wie Staaten und ganze Tier- und Pflanzenarten ausgelöscht. Weiterhin verseucht der Mensch die Meere, hält die reiche Welt die armen Länder ökonomisch klein und gibt ihnen keinen Raum für eigenständiges Wachstum. Flüchtlingswellen sind die Folge. Die ganze Welt befindet sich in einer Schuldenspirale – und dort sicherlich bereits im finalen Drittel. Per saldo fließt mehr Kapital zu den Reichen als zu den Armen. Für diese Missstände gibt es kein ökonomisches Rezept, das erwiesenermaßen erfolgreich wäre und von allen Menschen akzeptiert werden würde. Das ist das Problem!

In den vergangenen Jahrzehnten fand eine gravierende Verschiebung statt in Bezug auf die Frage, welcher Mensch zur Wertschöpfung in der Wirtschaftswelt beiträgt. Für den Berufsstand der Arbeiter gilt im Allgemeinen, dass sich ihre Bedeutung von wesentlich immer mehr hin zu unwesentlich verschoben hat. Industrieautomation und Robotik in allen Branchen – sowohl im sogenannten Westen als auch in den sogenannten Billiglohnländern – haben dazu geführt, dass Arbeiter im Gegensatz zu vor 50 Jahren heute oftmals bereits durch Maschinen substituiert wurden oder in nicht allzu ferner Zukunft substituiert werden. Man erinnere sich an den aktuell in der Umsetzung befindlichen Plan der taiwanesischen Firma Foxconn (Hersteller von Mobiltelefonen für Apple, Samsung etc.), von den 1,3 Millionen Mitarbeitern bis zum Jahr 2020 in den sogenannten 3d-jobs (dirty, dangerous and dull) 30 Prozent der Menschen durch Roboter zu ersetzen. In der sogenannten sozialen Marktwirtschaft führt dies dazu, dass der Arbeiter im sozialen Ranking weit abfällt und für ihn die soziale Absicherung, gerade in den Bereichen Altersversorgung und Inflationsausgleich, in Zukunft kaum mehr gegeben sein wird.

Arbeiter, die in Billiglohnländern leben, arbeiten in der Regel weit mehr als die von der International Labour Organization (ILO) empfohlenen 60 Stunden pro Woche. Sie haben keinen bis sehr wenig Urlaub, sind wenig oder gar nicht sozialversichert und erhalten vielleicht, vielleicht auch nicht, einen Mindestlohn. All dies verwehrt ihnen ein Leben in Würde mit positiver sozialer Teilhabe. Darunter leiden auf vielfältige Art und Weise auch die Kinder der Arbeiter (im Hinblick auf Bildung, Hygiene, Ernährung, Gesundheit etc.).

Die Konsumenten der reichen Länder könnten durch eine Veränderung ihres Konsumverhaltens positiven Einfluss nehmen. Denn natürlich findet fast jeder Verbraucher soziale Missstände in Produktionsbetrieben schlecht. Dank Internet kann man sich leichter denn je erkundigen, welcher Betrieb unter welchen Sozialbedingungen fertigt, und sein Konsumverhalten danach ausrichten. Man stelle sich vor, was ein globaler einmonatiger Boykott z. B. der Textilmarke Primark bewirken würde.

Aber das passiert nicht.

Wenn es an den eigenen Geldbeutel geht, sind die sozialen Bedingungen in den Produktionsbetrieben mehrheitlich nicht relevant, um faktisch das Konsumverhalten zu beeinflussen. Ausnahmen gibt es natürlich; Fairtrade-Kaffee wird ja schon gekauft. Aber für die große Masse gilt weiterhin: „Geiz ist geil." Der Homo oeconomicus maximiert sein Konsumverhalten mehrheitlich zu seinem eigenen Vorteil. Verzicht zugunsten Dritter ist in der Masse keine Handlungsoption. Diese große Masse der Verbraucher kommt somit als Faktor, aus dem heraus sich Veränderung ergeben könnte, nicht in Frage. Es gibt ein großes globales Wohlstandsgefälle, an dessen Auflösung die Konsumenten der reichen Länder de facto bis heute kein Interesse haben, trotz anders lautender Lippenbekenntnisse. Wenn Wirtschaftswissenschaften davon sprechen, dass sich die Märkte angeblich selbst regulieren, dann haben wir ein öko-soziales globales Marktversagen.

## 1.2   Zerstörung der Umwelt

Der Kapitalismus führt dazu, dass wir unsere Umwelt auf eine nicht nachhaltige Art und Weise ausbeuten, verschmutzen (= reparabel) und verseuchen (= kaum bis gar nicht reparabel). Wir rotten in Rekordzeit Tier- und Pflanzenarten aus, vergiften die Meere mit Kunststoffen, Öl und anderen Substanzen und beuten die Rohstoffe unserer Erde aus, als würde nur der kurzfristige Profit zählen und als gäbe es kein Morgen. Fast die gesamte Menschheit atmet gesundheitsgefährdende Luft. Die Horrorzustände der globalen Tierhaltung zu Nahrungszwecken übersteigen die Vorstellungskraft der meisten Verbraucher. Die Aufzählung der menschenverursachten Umweltsünden ließe sich erschreckend lange fortsetzen. Wir preisen diesen Raubbau bislang nicht ein.

## 1.3   Monopolisten – die Herrscher der Zukunft

Der Kapitalismus in der heute gelebten Form führt zudem dazu, dass sich immer mehr Konzerne zu Großkonzernen zusammenschließen. Am Ende dieser Entwicklung ist abzusehen, dass es für uns Verbraucher augenscheinlich viele Wahlmöglichkeiten pro Produkt gibt, die aber letztendlich hinsichtlich der tatsächlichen Eigentümerschaft (Banken, Versicherungen, institutionelle Anleger wie Staatsfonds, superreiche Individuen und viele weitere) zumindest indirekt von den gleichen Quellen beherrscht werden.

| MARKEN DER FIRMA PROCTER & GAMBLE (USA) | | |
|---|---|---|
| OLD SPICE | Swiffer | Pantene |
| MAXFACTOR | Febreze | BRAUN |
| Eukanuba | kandoo | Gilette |
| OLAZ | Alldays | Oral B |
| IAMS | Always | Blend-a-dent |
| Dash | Pampers | Blend-a-med |
| ANTIKAL | Herbal Essences | Clearblue |
| Lenor | Wellaflex | Persona |
| ARIEL | WELLA | WICK |
| Mr. Proper | Viva | Metamucil |
| FAIRY | head & shoulders | DURACELL |

*Markenkrake „Procter & Gamble"*
Quelle: Frank Martin Püschel, Daten: Deloitte: »Global Powers of Consumer Products 2012« mit Umsatzzahlen von 2010

In der Abbildung auf Seite 19 sieht man anschaulich, wie viele Marken letztendlich zu einer einzigen Firma gehören. In letzter Konsequenz wird es immer weniger verschiedene Inhaber von Firmen geben, da die Erfolgreichsten die weniger Erfolgreichen mit der Zeit übernehmen oder wirtschaftlich eliminieren.

## 1.4    Krieg als Mittel der Geostrategie

Es ist nicht zu leugnen, dass aufgrund geostrategischer Interessen direkte Kriege oder zumindest Stellvertreterkriege um Rohstoffe und den Einfluss auf Zukunftsmärkte geführt werden. Wird ein Land beherrschbar gemacht, so ziehen sofort ausländische Unternehmen die wirtschaftliche Macht an sich. Industrien werden privatisiert und gelangen so in den Einfluss der großen Konzerne. Ein drastisches Beispiel sind afrikanische Länder, in denen Jahrzehnte lang Despoten toleriert wurden, die das Land ausbeuteten und den Unternehmen der reichen Länder erhebliche Profite bescherten – zu Lasten der dort lebenden Menschen. Ähnliche Ereignisse im Nahen und Mittleren Osten sind Teil der jüngsten Geschichte.

Eine andere Art von Konflikt spielt sich in Ländern wie z. B. Griechenland ab, die durch eine nahezu kriminelle internationale Finanzpolitik, die eigene Politiker mit einschließt, dazu gebracht wurden, weite Teile der Infrastruktur (Häfen, Autobahnen, Flughäfen, Kliniken, Schulsystem etc.), die sich früher im Staats- bzw. besser Volksbesitz befanden, an ausländische private Investoren zu verkaufen. Bei Letzterem handelt es sich um keinen mit Waffengewalt geführten Krieg, sondern um das Ergebnis eines Finanzkriegs. Das bringt uns zum Geldwesen.

## 1.5 Das Geldwesen – die Waffe der Banker

Während vor 50 Jahren ein im deutschen Mittelstand angesiedelter Kaufmann/Angestellter eine Familie als Alleinverdiener gut ernähren konnte, ist das heute auf einem zu damals vergleichbaren Niveau nicht mehr möglich. Dies führt dazu, dass heute selbst im reichen Europa oftmals sowohl ein Haupternährer als auch ein Nebenernährer beruflich tätig sein müssen, um denselben Lebensstandard wie früher zu erreichen. Man beachte hier als Beispiel aus Deutschland nur die Entwicklung der Preise in den Bereichen Lebensmittel (Getränk im Gasthaus) und Immobilien oder allgemein die Preisentwicklung seit der Ablösung der D-Mark durch den Euro. Der Euro hat seit seiner Einführung vor 16 Jahren in manchen Bereichen bereits 50 Prozent an Wert verloren, was durch die Veränderung von statistischen Warenkörben gut verschleiert wird. Die tatsächlichen Zahlen sprechen Bände. Selbst bei einer Preissteigerung von jährlichen 2 Prozent, wie sie die Europäische Zentralbank (EZB) heute anstrebt, verliert eine Währung in 20 Jahren 48 Prozent (Zinseszinseffekt) an Kaufkraft.

Historisch ist gut belegt, dass bislang jede Währung mit der Zeit nahezu ihren gesamten Wert verloren hat. Schon zu Zeiten von römischen Silbermünzen wurden diese mit der Zeit durch die Beimischung von Kupfer im Wert verwässert, bis es immer wieder eine Währungsreform gab. Meist in Zusammenhang mit Krieg.

Wie kommt das?

Heute haben Zentral- und Geschäftsbanken das Monopol zur Geldschöpfung. Durch eine minimal notwendige Mindestreserve bei der Zentralbank können Geschäftsbanken etwas weniger als das 100fache (je nach Mindestreservesatz, zurzeit 1 Prozent in Europa) dessen, was sie über die Einlagen ihrer Kunden selbst an Guthaben zur Verfügung haben, an Kredit elektronisch neu schöpfen. Und seltsamerweise gilt neu geschöpftes Kreditgeld, das bei einer weiteren Bank als Einlage verbucht wird, dort als Guthaben, das die Mindestreserve erneut erhöht. Ein finanzielles Perpetuum mobile, das die weltweite Geldmenge in den vergangenen Jahrzehnten rasant hat ansteigen lassen. Das nennt man Inflation. Das Symptom der Inflation sind steigende Preise. Zurzeit steigen die Preise z. B. an den Börsen und bei Immobilien, später wird die Preissteigerung wahrscheinlich noch massiver als bisher in den privaten Konsum hineingetrieben werden.

Mit gedrucktem Kreditgeld finanzieren Staaten ihre an sich negativen Finanzsalden. Die Folge ist, dass heute nahezu alle Länder überschuldet sind. Ihre Schuldentragfähigkeit, also die Fähigkeit, alle (!) Schulden und Zinsen zurückzuzahlen, ist längst nicht mehr gegeben. Dies funktioniert nur noch mit dem Trick, alte Schulden und Zinsen zu bezahlen, indem man neue Schulden aufnimmt.

Die Wahrheit ist: Ohne massive Inflation kommt kein Staat mehr aus seiner Verschuldung. Die Guthaben der Bürger und auch Volksvermögen werden dabei vernichtet.

Aufgrund der steigenden Staatsverschuldung stürzen nach und nach viele Länder in den Ruin. Argentinien, Zypern und nun auch Griechenland. Wer gibt diesen Ländern Kredit? Geschäftsbanken. Woher haben diese das Geld? Sie schöpfen es einfach, nahezu kostenfrei. Und wenn dann ein Land pleitegeht? Nun, die Geschäftsbank verkauft dann den Kredit, der auf dem normalen Kreditmarkt massiv an Wert verloren hat, an die EZB. Diese hat dann die Schuld übernommen, also die Länder Europas, also die bürgenden „Bürger" Europas. Danach kaufen Firmen aus z. B. Deutschland teilweise die Infrastruktur der Pleiteländer auf. Wem gehören diese Firmen? Mehrheitlich Banken und institutionellen Anlegern. Und woher nehmen die Firmen das Geld? Richtig, teilweise von Krediten, die sie von den gleichen Banken bekommen, die Griechenland kein Geld mehr geben wollten.

Am Ende ergibt sich folgende Bilanz:
*Die Gewinner:* Die Banken sind fein raus, sie haben jahrelang hohe Zinsen für riskante Staatsanleihen kassiert und dann, als das Risiko real wurde, die Kreditsumme von der EZB erhalten. Andere Konzerne, teilweise im Bankenbesitz, haben günstig die Infrastruktur gekauft.

*Die Verlierer:* Die Einwohner der bankrotten Länder besitzen keine staatliche Infrastruktur mehr. Und die ehemalige Kreditschuld haben jetzt die Bürger Europas, als Inhaber der EZB.

Man könnte dieses Vorgehen als einen Finanzkrieg bezeichnen. Der Vorteil ist, dass dabei, im Gegensatz zu Krieg mit Waffengewalt, nahezu kein Blut fließt, Infrastruktur nicht zerstört wird und bestehende Staatswesen formal erhalten bleiben. Es ist der „elegantere" Weg, um sich fremdes Vermögen anzueignen und harte Abhängigkeiten (von den Kreditgebern) zu schaffen.

Wie viel Geld insgesamt durch die Schöpfung von Kreditgeld erschaffen wurde und welche kuriosen Auswüchse dieses System erzeugt, zeigt folgende Liquiditätspyramide (angelehnt an die sogenannte Exter-Pyramide).

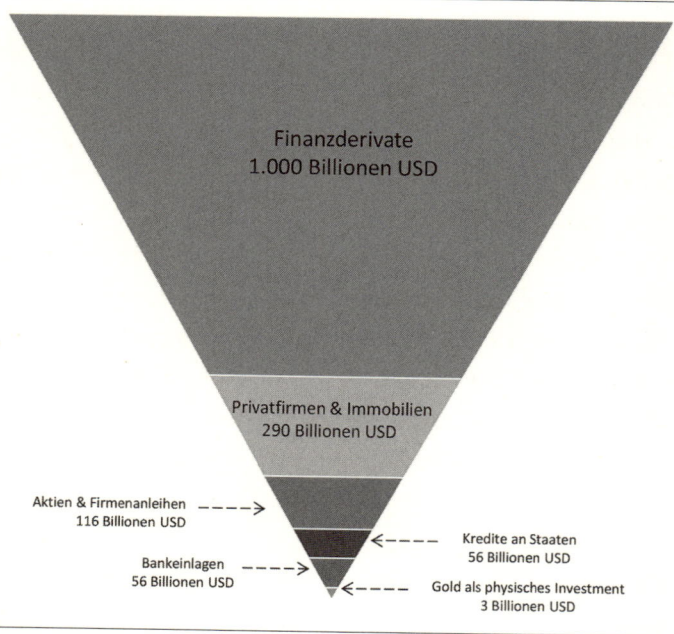

*Liquiditätspyramide*
Quelle: Frank Martin Püschel, Daten aus www.demonocracy.info

Die weltweiten Bankeinlagen summieren sich auf 56 Billionen US-Dollar. Der Wert aller börsennotierten Firmen der Welt und der Unternehmensanleihen summiert sich auf 116 Billionen US-Dollar. Alle Privatfirmen und Immobilien dieser Welt sind mit 290 Billionen US-Dollar bewertet. Die Summe aller Kredite an Staaten beträgt 56 Billionen US-Dollar. All diese riesigen Beträge werden allerdings von einer eher unbekannten Zahl in den Schatten gestellt: den globalen Finanzderivaten.

Finanzderivate sind, vereinfacht gesprochen, mehrheitlich Finanzwetten. Die Finanzprodukte hierzu werden von Banken aufgelegt und nennen sich beispielsweise Optionsgeschäfte, Futures oder Swaps. Wettpartner sind sowohl die Banken selbst als auch ihre Kunden. Wettgegenstand sind Währungen, Zinsen, Aktien, Indizes oder auch Waren (Commodities) wie Orangensaft, Edelmetalle und Schweinebäuche. Sie lassen sich an einer Börse, aber auch außerhalb von Börsen (Over-the-Counter) handeln. Ihre Summe beträgt unglaubliche 1 Billiarde US-Dollar (= 1 Million Milliarden US-Dollar), wobei es sich hierbei um die Bruttowettsumme handelt (ähnlich des Versicherungswertes aller Autos bei einer Versicherung).

Mit diesen Finanzwetten verdienen die Banken nicht nur viel Geld, sondern sie manipulieren – gewollt oder nicht – als eine Konsequenz die Preise vieler Güter, Währungen und Zinslandschaften. Dies beeinflusst massiv die Lebensbedingungen nahezu aller Menschen. Dabei gehen die Banken nicht zimperlich vor; internationale Gerichte haben in den vergangenen Jahren etliche Mitarbeiter ganzer Bankenkartelle verurteilt (z. B. zur Preisermittlung des Goldpreises, des EURIBOR und des LIBOR [Euro bzw. London Interbank Offered Rate]). Klar ist, dass es ohne die Möglichkeit des Schöpfens von Kreditgeld niemals diese Unsummen an Finanzmitteln geben würde – und damit auch nicht all diese negativen Folgen:

- Eine kleine Finanzelite wird extrem reich und mächtig (das Jahresdurchschnittsgehalt bei der Bank Goldman Sachs lag schon im Jahr 2012 bei 380.000 US-Dollar).
- Wenn es immer mehr Geld gibt, die Angebotsmenge aber nicht entsprechend zunimmt, steigen mit der Zeit die Preise für Immobilien, Mieten, Aktien, Nahrungsmittel und vieles mehr und werden für Durchschnittsbürger damit immer unerschwinglicher.
- Länder gehen pleite, weil sie über ihre Verhältnisse Schulden aufnehmen können und Politiker nur bis zur nächsten Wahl denken.
- Volkswirtschaften bankrotter Länder werden an reiche Privatinvestoren ausverkauft.
- Der Schwanz wackelt quasi mit dem Hund, indem die durch Finanzderivate entstehenden Preisänderungen in der Realwirtschaft massive negative Folgen haben können, z. B. der Anstieg der Preise von Reis für die Menschen der Dritten Welt.

**Zusammengefasst:**

Die sogenannte soziale Marktwirtschaft fördert nicht das Lebensniveau aller Menschen. Die Kreditflut hebt die Boote für eine exklusive Schicht im Westen und in den aufstrebenden Schwellenländern. Der soziale Kapitalismus führt dazu – man verzeihe mir die Phrase –, dass bisherige und neue Reiche immer reicher werden. Es ist weithin bekannt, dass das reichste 1 Prozent der Weltbevölkerung mehr besitzt als die ärmsten 50 Prozent. Zudem führt der Kapitalismus dazu, dass wir keinen Blick mehr dafür haben, was wir mit unserem wirtschaftlichen Tun an der Peripherie unseres Wirkens auslösen. Damit sind all die Länder gemeint, in denen die globalen Konzerne heutzutage nahezu alle Arten von Gütern herstellen, von Kleidung über Möbel bis hin zu Elektronik-, Kunststoff- und Metallerzeugnissen. Wie aufgezeigt, schadet der Kapitalismus der Umwelt und den Armen. Er führt zu Kriegen. Er führt zu Oligopolen und/oder Monopolen. Der Kapitalismus, zusammen mit dem aktuellen System der Geldschöpfung, vernichtet finanziell ganze Länder.

**Die erste These lautet:**

Die heutige ökonomische Welt des Menschen schadet einem großen Teil der Welt und ist kein Gesellschafts- und Geschäftsmodell, das ein harmonisches Miteinander zwischen den Menschen sowie zwischen Mensch und Natur bewirkt.

# 2  Bisherige ungenügende Lösungsansätze

Ich begebe mich nun wieder auf die Ebene dessen, was Unternehmen im Öko-Sozialen besser machen können. Das zuletzt betrachtete Thema der Geldschöpfung übersteigt den Einflussbereich eines Unternehmers.

Allen folgenden Ansätzen liegt zugrunde, dass sie aus guter Absicht heraus entstanden sind. Dies soll absolut lobend erwähnt werden. Da in diesem Buch ein neuartiges Konzept vorgestellt werden soll, gehe ich neben der Vorstellung aktueller Ansätze nur in relativer Kürze auf deren Nachteile ein.

## 2.1  Social Business

Der Nobelpreisträger Muhammad Yunus (bekannt durch das Mikrofinanz-Konzept) stellte im Jahr 2008 einen neuen Ansatz vor: „Social Business". Danach sollen die Mitarbeiter einer auf soziale Zwecke ausgerichteten Firma zugleich deren Eigentümer sein. Etwaige Investoren sollen keine persönliche Rendite erwirtschaften, nicht einmal einen Inflations- oder Risikoausgleich erhalten. Eingebrachtes Kapital soll mehrheitlich in die Eigentümerschaft der Mitarbeiter übergehen.

Ich halte diesen Ansatz für falsch. Er lässt alle Firmen außen vor, die keinen sozialen Zweck verfolgen. Zudem ist es keinem Investor ökonomisch zuzumuten, zumindest auf einen Inflations- und einen Risikoausgleich zu verzichten, geschweige denn auf den Anspruch an seinem Kapital. Meine Kritik könnte noch weitergeführt werden, aber ich will es hierbei belassen.

## 2.2 Diverse Fair-Handelsorganisationen

Es gibt über zwanzig verschiedene Fair-Handelsorganisationen (z. B. Fairtrade International, Rainforest Alliance, UTZ). Sie erheben von Handelsbetrieben eine Lizenzgebühr (bei Fairtrade International z. B. 1–3 Prozent des Nettohandelswertes) oder erhalten Spenden. Trotz teilweiser Gemeinnützigkeit ist es oftmals intransparent, inwieweit hier nur Kosten abgegolten oder auch Gewinne erwirtschaftet werden. Die Organisationen propagieren u. a., die öko-soziale Situation der Mitarbeiter in Kleinbetrieben zu verbessern. Die tatsächlichen Zustände in den Betrieben sind oftmals allerdings weiterhin schlichtweg katastrophal. Vermutlich liegt dies daran, dass die Organisationen zu geringe Gelder in die Kontrolle der lokalen Aktivitäten investieren (können) und der größte Teil der Mehreinnahmen (in der Regel sind „faire" Produkte teurer) gar nicht den Menschen vor Ort zugutekommt, sondern laut Kritikern bei den globalen Handelsketten als Gewinn verbleibt. Fairer Handel ist somit zunächst einmal ein lukratives Geschäft für die globalen Handelsketten. Richtig ist natürlich, dass es ohne die Fair-Handelsorganisationen in den Produktionsbetrieben wahrscheinlich noch weniger Anstrengungen gäbe, öko-sozial Positives zu bewegen.

Die Kosten für dieses teilweise spärliche Verbesserungen bewirkende System trägt letztendlich der Verbraucher über den Produktmehrpreis. Es ist auf die Käuferschichten begrenzt, die sich den höheren Produktpreis leisten können (und möchten).

Das System der Fair-Handelsorganisationen hat meines Erachtens nach Optimierungspotenzial. Es fehlt an Transparenz, wie der (durch den meist höheren Produktpreis bedingte) Zusatzgewinn verteilt wird. Es hält sich der Verdacht, dass die über den Mehrpreis anfallenden Gewinne weniger den Menschen vor Ort als den Handelsketten zugutekommen.

## 2.3 B-Corp

Ein drittes Konzept ist das der Benefit Corporation (bzw. das ähnliche Konzept einer Social Purpose Corporation). Es handelt sich hierbei um eine in den USA neu geschaffene Unternehmensrechtsform. Sie bewertet grundsätzlich profitorientierte Unternehmen nach deren sozialen Eigenschaften. Aus dieser neuen Rechtsform heraus hat sich eine Organisation namens B-Lab entwickelt, die auf einer Non-Profit-Basis Firmen hinsichtlich ihres sozialen Nutzens bewertet. Diese Firmen müssen nicht unbedingt die o.g. Rechtsform besitzen und können sich auch außerhalb der USA befinden. Sich qualifizierende Firmen können gegen Bezahlung einer Art Lizenzgebühr (ähnlich dem Fair-Handel) das entsprechende Siegel der Zertifizierung als B-Corp erhalten. Hierbei kann es sein, dass sich ein Unternehmen aufgrund seiner gelebten innerbetrieblichen sozialen Aktivitäten für dieses Siegel qualifiziert. Ein anderes Unternehmen mag sich hingegen dadurch qualifizieren, dass es ein Produkt herstellt, das einen sozialen Nutzen bietet.

Meine Kritik an diesem an sich positiven Ansatz ist, dass es eine zu große Beliebigkeit hinsichtlich dessen gibt, weshalb sich ein Unternehmen als B-Corp qualifizieren sollte. Zudem wird über das Vorstellen der Bewertungskriterien hinaus keine Anleitung veröffentlicht, wie sich ein traditioneller Industriebetrieb inhaltlich zu einer B-Corp entwickeln könnte. Denn das Bewerten von Unternehmen, die sich bereits auf irgendeine Art öko-sozial hervorheben, ist das eine. Das andere aber ist, einem Unternehmer die Frage zu beantworten, wie er sein bislang konventionell ausgerichtetes Unternehmen sicher und nach einem bewährten Rezept besser aufstellen kann, um ökologische und soziale Ziele zu entwickeln und zu erreichen. Es verwundert deshalb auch nicht, dass es eher bereits öko-sozial orientierte Unternehmen sind, die sich als B-Corp zertifizieren lassen.

## 2.4 Soziale Ansätze auf internationaler Ebene

Im Folgenden werden diverse Ansätze vorgestellt. Ich gehe teilweise auf spezielle Schwachpunkte ein; eine allgemeine Würdigung und Kritik folgen im Anschluss gesammelt.

### Die RBA (früher: EICC)

Die Responsible Business Alliance (RBA; bis Oktober 2017 unter dem Namen Electronic Industry Citizenship Coalition) ist eine Non-Profit-Koalition aus führenden Elektronikunternehmen, die sich der Einhaltung eines Verhaltenskodexes zur Nachhaltigkeit und der Verbesserung der Corporate Social Responsibility gewidmet haben. Hierbei gibt es fünf Themenbereiche: Arbeit, Gesundheit und Sicherheit, Umwelt, Ethik und Managementsystem mit insgesamt 43 Grundprinzipien. Kritiker bemängeln, dass die angeschlossenen Organisationen, allesamt Giganten der Industrie, die RBA nur als Feigenblatt verwenden. Die Organisation ist auf die Branchen Elektronik, Handel, Automobil und Spielzeuge begrenzt.

## UN Global Compact

Kofi Annan schlug 1999 auf dem Weltwirtschaftsforum die Gründung des UN Global Compact vor. Ziele waren eine verbesserte Zusammenarbeit der UN mit Unternehmen sowie die Durchsetzung der UN-Millenniumsziele. Der Global Compact fordert von Unternehmen weltweit, sich für eine soziale und ökologische Weltwirtschaftsordnung einzusetzen. Es gibt zehn Prinzipien, die sich aus der Bündelung von Erklärungen der UN und einzelnen Arbeitsorganisationen zusammensetzen. Die zehn Prinzipien sind in vier Bereiche unterteilt: Menschenrechte, Arbeitsnormen, Umweltschutz und Korruptionsbekämpfung. Kritiker bemängeln, dass die Durchsetzung kaum zu überprüfen ist und Unternehmen die einfachen Vorgaben (wie einen zweijährigen Fortschrittsbericht) zu sehr zur Eigenwerbung verwenden.

## GRI

Die Global Reporting Initiative (GRI) entwickelt Richtlinien für die Erstellung von Nachhaltigkeitsberichten von Unternehmen, Regierungen und NGOs. Diese Richtlinien können eine soziale Denkweise in besagten Organisationen fördernd beeinflussen.

## ISO 26000

Die ISO 26000 ist ein Leitfaden der International Organization for Standardization (ISO), der Orientierung und Empfehlungen gibt, wie sich Organisationen jeglicher Art verhalten sollten, damit sie als gesellschaftlich verantwortlich angesehen werden können. Der Leitfaden soll helfen, Organisationen von der guten Absicht zur guten Praxis zu bewegen. Er wurde im November 2010 veröffentlicht, seine Anwendung ist freiwillig. Dieser ISO-Standard ist, anders als viele andere (ISO 9001, ISO 14001 etc.), nicht zertifizierbar.

### Würdigung/Kritik der internationalen Ansätze

All diese Ansätze zielen in die richtige Richtung. Jeder Ansatz möchte in seinem Bereich – mal mehr, mal weniger – eine Verbesserung der öko-sozialen Situation bewirken. Allerdings gibt keiner der Ansätze eine konkrete Zielgröße vor, inwieweit sich ein Unternehmen im sozialen Bereich engagieren soll. Es genügt scheinbar, wenn man überhaupt etwas unternimmt und dies – je nach Standard mehr oder weniger intensiv – mittels eines Berichts oder Audits zum Ausdruck bringt. Gerade große Unternehmen leisten sich dann den Luxus, Abteilungen zu gründen, die den Beitritt des Unternehmens zum jeweiligen Standard übernehmen und dann inhouse die entsprechend notwendigen Daten aufbereiten. Was fehlt, sind zwei Dinge:

Erstens, dass sich ein Unternehmen durch eine der o.g. Initiativen in seinem gesamten Selbstverständnis als öko-sozial verantwortlicher „Player" versteht. Ausnahmen sind kleine Firmen, deren Produkte an sich bereits öko-sozial sind. Meistens sind es bei großen Firmen nur die speziellen Fachabteilungen, die das Thema „Ökologisches und Soziales" stark im Bewusstsein haben und die dann – allein auf weiter Flur – die vom Topmanagement geforderten Berichte erstellen. Einen Wandel in der Unternehmensphilosophie bewirken die o.g. Standards damit nicht. Kritiker bezeichnen diese Standards daher als Feigenblatt, das vor Missbrauch nicht schützt.

Zweitens geben diese Standards keine Zielgröße vor, ein Wieviel an öko-sozialer Aktivität denn sinnvoll oder gut wäre. Einem Unternehmen ist es somit selbst überlassen, sich diese Frage zu stellen. Je größer dann das monetäre Interesse der Eigentümer bzw. der Shareholder ist, umso weniger Geld bleibt für Öko-Soziales.

Bei der Fragestellung, wie viel man denn spenden solle, versagt im Übrigen auch die christliche Sozialethik. Denn die christlichen Kirchen geben hierzu laut meiner Studien keine eindeutig konkrete und einheitliche Antwort; als vage Haltung erhält man eher Gleichnisse aus der Bibel und subjektive Meinungen einzelner Kirchenvertreter. Der weiseste Satz, den ich hierzu bislang hören durfte, wird Mutter Teresa zugesprochen und lautet: „Gib so viel, bis es dir wehtut!"

## 2.5  Sonstiges soziales Engagement von Firmen

Das fünfte Konzept, das ich betrachten möchte, sind all jene Firmen, die auf irgendeine Art und Weise bereits sozial aktiv sind. Auch hier sind alle sozialen Aktivitäten selbstverständlich in der Regel sehr lobenswert. Zu kritisieren wäre hier Folgendes (und ich möchte dabei betonen, dass ich in Unkenntnis sämtlicher Aktivitäten dem einen oder anderen Unternehmen eventuell Unrecht tue, was ich zu entschuldigen bitte):

*Erstens* sind die aufgewendeten Mittel in aller Regel deutlich geringer als diejenigen, die auf Basis von TRI-MONY angesetzt würden.

*Zweitens* ist die Mittelverwendung oftmals nicht zielgerichtet genug. Auch hier gibt der noch vorzustellende Ansatz deutlich mehr Orientierungshilfe und eine sinnvolle Lenkungsfunktion.

*Drittens* ist die Radikalität der öko-sozialen Ausrichtung bei gleichzeitig weiterhin voller Fokussierung auf den ökonomischen Erfolg eines Unternehmens bei den meisten Firmen nicht gegeben.

All dies führt in der Regel *viertens* dazu, dass zu wenig unternommen und in keine gesamtgesellschaftlich sinnvolle Richtung gearbeitet wird, womit die Wirkung weit hinter dem zurückbleibt, was – und das ist eine Behauptung – einem notwendigen radikalen Wandel gleichkommen würde.

*Fünftens* gibt es den Tatbestand des „Bluewashing". Hiermit sind all jene unternehmerischen Aktivitäten im sozialen Bereich gemeint, die eher dem Ziel dienen, irgendwie einem gefühlten oder tatsächlichen Anspruch aus der Gesellschaft (Medien, Mitarbeiter, Kunden, sonstige Stakeholder etc.) Genüge zu tun oder eigenes negatives Wirken zu übertünchen.

## 2.6 Pledge 1%

Die beste Lösung, die ich bisher gefunden habe, ist die Organisation Pledge 1 %. Sie fordert (besser: bietet an), dass Firmen sich freiwillig verpflichten, jeweils ein Prozent an Zeit, an Unternehmenswert, an Produkten und neuerdings auch an Profit für soziale Belange zu spenden. Ich finde diese branchenunabhängige Idee toll und kritisiere hier aus einer positiven Grundhaltung heraus folgende Mängel:

Das eine zu spendende Prozent an Unternehmenswert soll zum Zeitpunkt des Investitions-Exits aus einer Firma realisiert werden. Das ist einfach umzusetzen, aber es generiert keine fortlaufenden sozialen Investitionen. Ein Prozent an Zeit, die Mitarbeiter für Soziales verwenden, ist sicherlich besser als nichts, kann aber nur lokal dort wirken, wo sich die Mitarbeiter befinden. Ich halte jedoch ein Prozent an Profit, den eine Firma ständig generiert und in soziale Aktivitäten dort investiert, wo diese am dringendsten benötigt werden, für zielführender. Seit einiger Zeit hat Pledge 1% dies nun aufgenommen, allerdings ist es völlig beliebig, auf welcher Basis man spendet. Mit dem Satz: „There are a few different ways to donate profit and if you don't have profits yet, you could instead consider donating a portion of revenue.", betritt Pledge 1% nun einen Pfad, den ich betriebswirtschaftlich grenzwertig finde. Denn wer keinen Profit macht, dem wird es erst recht schwerfallen, einen Prozentsatz des Umsatzes zu spenden, da dieser Betrag mathematisch immer höher sein muss als der des Gewinns.

Auch die Höhe einer Spende ist weiterhin beliebig: „If you don't feel like 1% is the right amount for you, then give whatever feels right to you."

Wer Produkte generiert, die für die Welt im Öko-Sozialen per se sinnvoll sind, tut sicherlich gut daran, hier ein Prozent davon zu spenden. Ich frage mich aber, wer übernimmt hierfür die Kosten, und was ist zudem mit den Firmen, die leider keine öko-sozial wirksamen Produkte produzieren?

Positiv ist, dass bei diesem Ansatz auf inzwischen vier Ebenen gearbeitet wird, was ein Umdenken im gesamten Unternehmen auslösen kann. Um massiv etwas in der Welt zu bewegen, ist dieser Ansatz allerdings nicht radikal genug, denn die Beträge sind zu gering. Weiter bewegt sich dieser Ansatz aufgrund der Beliebigkeit dessen, was man sozial unternimmt, nur bedingt im Wirkungsumfeld des Unternehmens (in Kapitel 4.1, s. Seite 61) definiert unter dem Begriff „eigene Wirkwolke"). Wie noch gezeigt werden wird, stellt die Wirkwolke ein wichtiges Lenkungsmerkmal dar.

Zudem ist hier die fehlende Systematik hinsichtlich der Richtung sozialer Aktivitäten zu kritisieren. Ob man sich in firmeninternen oder in firmenexternen öko-sozialen Themengebieten engagiert, scheint beliebig zu sein. Das Gleiche gilt für die Frage, ob man den Wirkungsgrad öko-sozialer Aktivitäten betrachten möchte. Damit fehlt hier eine gesamtgesellschaftlich sinnvolle Lenkungsfunktion.

**Die zweite These lautet:**

Die ökonomische Welt des Menschen hat bis heute keinen praktischen oder wissenschaftlichen Ansatz hervorgebracht, mit dem die vielfältigen negativen Folgen des Kapitalismus nachhaltig eingedämmt würden. Es fehlt weiterhin – trotz des weltweiten Betreibens internationaler Organisationen, Unternehmen, Universitäten und sonstiger geistes- und wirtschaftswissenschaftlicher Forschungseinrichtungen – ein Konzept, in dem alle Menschen und auch die Natur in einem harmonischeren Miteinander existieren.

# 3 Das Finden von Sinn als Schlüssel zur Lösung

Bislang haben wir gesehen, dass unser bestehendes Wirtschaftssystem viele negative Konsequenzen hat und die aktuellen Lösungsansätze unbefriedigend sind. Dabei ist nicht zu leugnen, dass wir es bei alldem immer mit Menschen zu tun haben. Könnte also der Schlüssel zur Lösung am Ende in uns selbst liegen?

Wir sind Menschen. Nennen uns – mehr oder weniger stolz – Homo oeconomicus, dabei sind wir bei Weitem nicht perfekt, oftmals verwirrt, meist überfordert. Dennoch streben einige von uns nach „Höherem". Die Kunst des Lebens mag es sein, dieses Höhere mit konkretem Sinn zu belegen. Menschliches Leben erhält im ethischen Sinne dann Sinn, wenn es einem Ziel folgt, das bewusst definiert wurde. Die Sinnfindung mag der Schlüssel sein, der uns einen neuen und besseren Lebensweg aufzeigen kann.

Ich werde im Folgenden – hinsichtlich einer möglichen Sinnfindung – auf drei Ebenen eine Perspektive für unser menschliches Dasein vorstellen. Sie stellen zugleich die ethische Grundhaltung für TRI-MONY dar.

Dabei spanne ich einen Bogen vom spirituellen großen Ganzen über die konkrete menschliche Gesellschaft bis hin zu den Individuen.

### 3.1 Das „große Ganze": über den Sinn des Menschen und die Bedeutung von Harmonie

Was kann der mögliche Sinn der Existenz unserer Spezies Mensch sein?

Im Rahmen der Evolution der Tierwelt unseres Planeten hat sich der Mensch zu dem Wesen entwickelt, das sich seiner selbst bewusst ist und das in großem Maße gestaltend auf die gesamte Welt einwirken kann. Das Potenzial der Menschheit, sich – auch geistig – weiterzuentwickeln, ist gegeben. Wir haben die Chance, als friedvolles Kollektiv Dinge zu erreichen, die ein Einzelner niemals erreichen könnte. Denn der Arbeiter auf einer Ölbohrinsel kann Öl fördern, der Plastikspezialist Plastikteile herstellen und der Elektronikspezialist daraus einen Computer bauen. Alles allein könnte keiner. Wir sind kollektiv intelligent.

Wenn allerdings ein kleiner Teil der Menschheit die große Masse ökonomisch beherrscht – bis hin zu einem Stadium, in dem den Menschen als Konsumenten das für die Konzerne bestmögliche Kaufverhalten suggeriert wird –, ist die Potenzialentfaltung der Menschheit, gerade bei der umsatzstarken Gattung der Konsumartikel, zu stark auf die Entwicklung neuer Produkte limitiert, die nur zu weiterem Verbrauch anregen sollen. Beispiele sind ungesunde Nahrungsmittel mit Suchtpotenzial (Zucker, Alkohol), nicht mehr rentabel zu reparierende Elektronikartikel oder Billigkleidung. Volkswirtschaftlich bedeutet diese Entwicklung, dass die Ergebnisse der Arbeitskraft aller Menschen, und vor allen Dingen derjenigen der armen Welt, zu einem insgesamt weiterhin zu kleinen Teil der eigenen Bedürfnisbefriedigung (Altersvorsorge, Bildung, Wohnen, Nahrung, medizinische Versorgung, Kultur etc.) dienen und zu einem weiterhin zu großen Teil dazu verwendet werden, den Reichtum einer kleinen Elite beständig zu vergrößern. Man könnte nun die Haltung einnehmen, dass es dann für den Einzelnen sinnvoll wäre, sich in diesem System zu bewähren und durch möglichst große Anstrengung und Kreativität einen möglichst großen Teil des „Wohlstandskuchens" zu erlangen. Für den Einzelnen mag dies sinnvoll sein. Aber sowohl für die Gesamtheit der Spezies Mensch als auch für die von uns ausgebeutete und zerstörte Natur ist dieses Verhalten mit all seinen negativen Konsequenzen eindeutig unharmonisch.

Zudem erreichen wir mit dem bisherigen Verhalten als Spezies aller Voraussicht nach keine weitere geistige Ebene. Denn was sonst als ein Überwinden unserer unsozialen Seite sollte das Ziel einer Menschheit sein? Meiner Meinung nach ist es die Aufgabe der Menschheit, mit sich und der Umwelt in Harmonie zu existieren und sich selbst auf geistiger und technologischer Ebene dahin weiterzuentwickeln, dass wir unsere Fühler über unseren Planeten hinweg ausstrecken können und ein größeres Verständnis für den uns umgebenden Kosmos erlangen. Das mag esoterisch (Esoterik = Suche nach einem höheren Sinn außerhalb der klassischen Religionen) klingen, aber was ist die Alternative? Eine auf ewig streitende, in wiederkehrenden Zyklen alles zerstörende und danach alles wiederaufbauende Spezies Mensch ist sicherlich keine.

Konkret könnten also zwei Dinge ein Ziel unserer Existenz sein:

*Erstens*, dass wir in Harmonie mit uns und unserer Umwelt leben. Das gern in größtmöglichem Luxus, aber den dann für alle! Dies ist sozusagen die Pflicht.

*Zweitens* – und das ist die Kür –, dass wir uns sowohl der Bedeutung unserer eigenen Existenz als auch der Beschaffenheit des Kosmos und den Umständen seiner Entstehung geistig und verstandesmäßig so weit annähern, dass wir erkennen, weshalb der Kosmos existiert, und eventuell auch, weshalb wir existieren. Sind wir ein reines Zufallsprodukt der Evolution, oder gibt es einen tieferen Sinn unserer Existenz? Wie erwähnt, manch einer mag diese Frage als Esoterik abtun, aber damit beschäftigen sich nicht nur Religionen, sondern auch Natur- sowie Geisteswissenschaften in hohem Maße.

Das dazu notwendige Potenzial ist meines Erachtens durch rein egoistisches Verhalten nicht befriedigend ausschöpfbar, wohl allerdings dann, wenn die Menschheit auf harmonischere Art und Weise dieses Ziel als eine Gemeinschaft verfolgt. Die bisherige historische Realität führt in wiederkehrenden Zyklen zur Ballung der Macht bei wenigen und zu Kriegen und Zerstörung.

### 3.2 Die menschliche Gesellschaft konkret: über den Begriff „Erfolg" und den notwendigen Wechsel der Perspektive

Ein Ansatz für ein öko-sozial besser wirksames System sollte so beschaffen sein, dass er sowohl dem Wesen des Menschen entspricht als auch ein möglichst weites Spektrum an öko-sozialer Wirkung bietet.

Zum Wesen des Menschen gehören ihn im ökonomischen Verhalten beeinflussende Eigenschaften, wie die Sorge um eine finanzielle Absicherung bis hin zu Gier und Eitelkeit. Ich halte es für sinnlos – und ich denke, ich darf behaupten, dass die Geschichte der Menschheit mir hier recht gibt –, ein Konzept erschaffen zu wollen, dass diese Parameter des Menschseins unberücksichtigt lässt. Menschen sind keine vollkommen altruistischen Wesen.

Um also soziales Tun bzw. das Erzielen von öko-sozial Positivem mit möglichst hohem Wirkungsgrad in Einklang zu bringen mit Parametern wie den oben Genannten, bedarf es einer Veränderung der Bedeutung des Begriffs Erfolg, der heute mehrheitlich mit rein monetärem Erfolg gleichgesetzt wird. Auf der Ebene des Individuums führt die Fokussierung auf monetären Erfolg zu einem Streben nach Statussymbolen. Manager begehren deshalb den Porsche, die Villa oder die Jacht. Unsere westlichen Wohlstandskinder träumen vom 900-Euro-iPhone.

Damit Menschen öko-sozial harmonischer agieren, wäre es im Beispiel des Mobiltelefons sinnvoller, wenn diejenigen als erfolgreich gelten würden, die ein 300-Euro-Handy besitzen und 600 Euro spenden.

Dies ist, sehr einfach dargestellt, eine gedankliche Grundlage von TRI-MONY. Der neue Ansatz einer dreifachen ökonomischen Harmonie definiert menschlichen Erfolg im wirtschaftlichen Agieren als dann gegeben, wenn der jeweilige ökonomische Player zum einen monetären Erfolg, zum anderen aber nun auch zusätzlich eine möglichst hohe (und nicht irgendeine beliebige) öko-soziale Wirkung generiert. In Anlehnung an das Konzept des Shareholder-Values, das auf eine Maximierung der monetären Dividende abzielt, könnte man in diesem Fall von der Maximierung sowohl der monetären als auch – neu – einer ökologisch-sozialen Dividende sprechen.

Man beantworte sich hierbei doch einmal die Frage, wer mit seinem Lebenswerk als erfolgreicher gelten sollte: derjenige, der nur viel Geld verdient, oder derjenige, der etwas weniger, aber immer noch viel Geld verdient und zugleich öko-sozial Gutes tut? Ich denke, sehr viele von uns würden Letzteren favorisieren. Dieser Wechsel der Perspektive und damit die Neubewertung von gesellschaftlichem Erfolg ist ein wichtiger Schlüssel für einen gesellschaftlichen Wandel.

### 3.3 Die individuelle Ebene: von wichtigen Interessengruppen (Stakeholdern)

Welcher Teil unserer Gesellschaft könnte sich für eine öko-soziale Verbesserung unserer Welt einsetzen oder daran ein berechtigtes Interesse haben?

### Unternehmen und Unternehmensinhaber
Als erste Gruppe sind Unternehmensinhaber zu nennen, weil sich diese potenziell in einer mehrfach lukrativen Situation befinden:
Zum einen befinden sich zumindest monetär erfolgreiche Unternehmer meist in einer Lebenssituation, in der Bedürfnisse bis hin zum Luxus befriedigt sind (vgl. Maslow'sche Bedürfnispyramide). Was sie nun möglicherweise mit antreibt, ist das

Finden eines höheren Sinns ihres Lebens. Unternehmer sind vom Charakter her vermutlich oftmals sogenannte Machertypen. Trainiert durch ein Berufsleben als Unternehmensführer, existiert meines Erachtens ein höheres Potenzial, auch gegen eigene Widerstände, wie z. B. Gier oder selbst Erschöpfung am Ende eines Berufslebens, Dinge zu verändern, wenn ihnen dies ethisch-rational sinnvoll erscheint.

Zum anderen können sie, verglichen mit Nicht-Unternehmern, dank der Kraft ihres Unternehmens mit einer hohen Hebelwirkung eine enorme Wirkung entfachen, wenn sie das Unternehmen selbst in eine neue Richtung wirksamer werden lassen: Ein Unternehmer kann durch seinen Entschluss für ein öko-sozial wirkendes Unternehmensmodell die Arbeitskraft vieler Mitarbeiter in eine die Welt verbessernde Richtung bewegen. Dies ist ein wichtiger Aspekt! Hierzu benötigt es nicht die Zustimmung vieler Konsumenten. Es ist kein Wandel von unten notwendig, bei dem Massen an Menschen überzeugt werden müssten. Es genügt, wenn sich speziell Unternehmensinhaber und Unternehmenslenker mit einem solchen System anfreunden können. Diese Hebelwirkung, bei der im Extrem ein einziger Unternehmer ein ganzes Unternehmen hin zu einer stärkeren öko-sozialen Wirkung bewegen kann, ist ein fantastischer Multiplikator.

In Summe sind dies die Gründe, weshalb sich gerade Unternehmen für öko-soziales Wirken ideal eignen:
- weil sich in den Unternehmen die Macht (das Kapital) ballt, die an anderer Stelle fehlt (Verantwortung aus Eigentum);

- weil Unternehmer durch ihre Entscheidung die Schaffens-
kraft aller Mitarbeiter in eine sozialere Richtung lenken können (Hebelwirkung);
- weil es vor allem auch Unternehmen sind, die der Welt heute
Schaden zufügen und Ungleichheit hervorrufen. Die Welt
hat einen Anspruch auf „Wiedergutmachung";
- weil es Unternehmen sind, die die Politik heute indirekt
stark mitbestimmen (Verantwortung aufgrund der Möglichkeit politischer Einflussnahme).

Darüber hinaus gibt es noch eine weitere moralische Begrün-
dung dafür, warum gerade bestimmte Unternehmen öko-sozial
wirksam werden sollten:

Ein unternehmensfokussiertes Sozialkonzept übernimmt ein
Stück weit die Verantwortung dafür, dass es auch die Wirtschaft ist, die die Konsumenten mitentmündigt. Zum einen
passiert dies durch den Verkauf von Suchtstoffen wie Alkohol,
Tabak oder Zucker. Diese Stoffe machen nachweislich abhängig
und krank und entziehen somit der Bevölkerung einen Teil
der Energie, die notwendig wäre, um „die Dinge zum Besseren" zu gestalten. Etwas überspitzt ausgedrückt: Wer nach
einem harten Arbeitstag nur noch an das nächste Bier oder
die Tafel Schokolade auf der Couch denken kann, startet eher
selten eine Revolution. Zum anderen gibt es inzwischen auch
digitale Süchte. Denn durch die Quasi-Sucht vieler Menschen
in Bezug auf digitalen Massenkonsum und digitale Selbstwert-
steigerung (Motto: „Investiere Zeit, verdiene Likes") verlieren
die Menschen nach meinem Dafürhalten die Fähigkeit, sich
realwirtschaftlichen Problemen über den eigenen Lohnerwerb

hinaus zu stellen – und das in einem ähnlichen Maße, wie sich die Profite der Firmen durch die Verkäufe von immer mehr und neuen „elektronischen Suchthelfern" steigern. Dieser Gedanke soll den Konsumenten keinesfalls von Verantwortung freisprechen, der Konsumwirtschaft aber durchaus eine Mitverantwortung zusprechen.

Wenn ich im Jahr 2017 lese, dass die Firma Electronic Arts bei der Erstvorstellung eines neuen Spiels mit der potenziell suchtgefährdenden Glücksspielindustrie verglichen wird, weil der Zeitaufwand zum Erreichen diverser Spielziele unangemessen hoch sei, man aber alternativ die Spielziele gegen Geld erwerben könnte; wenn Netflix und Amazon immer neue und fesselnde Serien produzieren; wenn wir zwischen immer mehr attraktiven Apps auswählen sollen, dann erschafft ein bestimmter Teil der Industrie hier bewusst und mit dem ausschließlichen Ziel des monetären Profits eine digitale Sucht, der sich faktisch nahezu kein Konsument weder verschließen kann noch möchte. Perfide Perfektion!

Neben den Unternehmen und ihren Inhabern gibt es diese weiteren Zielgruppen in unserer Gesellschaft, die sich für ökosoziale Sinnstiftung einsetzen könnten bzw. daran ein Interesse haben könnten:

### Finanzinvestoren

Finanzinvestoren sind in der Regel Menschen, die ihre Grundbedürfnisse befriedigen können und darüber hinaus eine aktive soziale Teilhabe in der Gesellschaft erleben können. In der Regel handelt es sich bei Finanzinvestoren, wenn es keine professio nellen Einrichtungen sind, doch immerhin um den wohlhabenderen Teil der Menschheit. Und auch bei den sogenannten professionellen Einrichtungen, also institutionellen Investoren wie z. B. Pensionskassen oder Staatsfonds, stehen letztendlich Menschen sowohl als Entscheider oder auch als Kleininvestoren (z. B. Inhaber einer Kapitallebensversicherung) dahinter. Wenn diese Investoren nun zzgl. zu einer monetären Befriedigung ihrer Bedürfnisse auch noch eine Befriedigung ihrer öko-sozialen, sinnstiftenden Bedürfnisse erhielten, dann wäre solch wohlhabenderen Investoren eventuell auf eine völlig neue Art und Weise geholfen. Für viele Menschen ergibt sich die Frage nach dem Sinn und Zweck ihres Lebens erst zum Ende ihres aktiven Arbeitslebens. Leider sind dann ihre gestalterischen Möglichkeiten oftmals limitiert. Was sie besitzen, ist die Rückschau auf ihr berufliches Lebenswerk und einen bescheidenen oder großen Wohlstand. Ich halte es für absolut erstrebenswert, diese Menschen in die Lage zu versetzen, durch ihre Eigenschaft als Finanzinvestor nicht nur ihr finanzielles Vermögen zu erhalten und in bescheidenem Maßstab zu vermehren, sondern darüber hinaus in Unternehmen zu investieren, bei denen dieses Investment auch eine öko-soziale Wirkung entfaltet.

### Arbeitnehmer

Wahrscheinlich ist es auf einer sinnstiftenden Ebene auch für Arbeitnehmer von Interesse, in einem Unternehmen zu arbeiten, das sich beispielsweise konsequent und systemisch in all seinem Denken und Tun auch für öko-soziale Belange in der Welt einsetzt.

## Konsumenten

Auch Konsumenten sind natürlich an öko-sozialer Sinnstiftung interessiert. Wenn ein Konsument Produkte eines Unternehmens erwirbt, von denen er beispielweise weiß, dass der Profit des Unternehmens systemisch in öko-soziale Belange investiert wird, dann ist dieser Konsum auf eine sinnstiftende Art und Weise befriedigender, als wenn der Konsum ausschließlich dem Wachstum des Reichtums eines Unternehmens dient.

## Bildungseinrichtungen

Jeder wird zustimmen, dass wir Menschen nicht auf dieser Welt existieren, um ein Mobiltelefon in unseren Händen zu halten, an dem die Ausbeutung anderer Menschen klebt. Um dies aber überhaupt als Thema zu erkennen, wäre ein Mehr an diesbezüglicher Bildung sehr wichtig, denn heute haben Konsumenten in der Masse offenbar zu wenig Aufmerksamkeit für dieses Thema. Unsere Bildungseinrichtungen bieten hierfür theoretisch eine sehr gute Basis, allein es fehlt die intensivere Thematisierung.

**Die dritte These lautet:**

Wirtschaft 6.0 benötigt eine geistige Evolution der Menschheit. Im Hinblick auf eine ökologisch-soziale Harmonie in unserem Wirtschaften könnte der Tenor lauten:

*Der Homo oeconomicus agiert ökonomisch eigensinnig rational.*

Der Homo harmonicus agiert ökonomisch rational *gleichermaßen* für sich selbst, seine Spezies und seine Umwelt.

# 4 Die radikale Lösung: TRI-MONY

Eine neue Lösung soll einfach sein, damit sie von vielen Unternehmen gelebt werden kann. Sie soll allgemeingültig sein, damit sie leicht an individuelle Gegebenheiten adaptiert werden kann. Und sie muss radikal sein, denn es ist offensichtlich, dass bisherige Ansätze die Welt hinsichtlich einer sozialen Gesamtharmonie bis heute nicht wesentlich verbessert haben.

Die Radikalität dieser Lösung bedeutet, dass TRI-MONY den in bisherigen Systemen Begünstigten durchaus „ökonomisch wehtun" kann. Von nichts kommt nichts.

TRI-MONY hat – zunächst oberflächlich betrachtet – zum Ziel, dass sich ein Unternehmen in seinem Umgang mit Profit radikal auf die in der Einleitung genannten monetären, ökologischen und sozialen Bedürfnisse dieser Gruppen fokussiert:

- Unternehmensinhaberschaft: Profitanteil, Risikozins, Inflationsausgleich.
- Die Welt innerhalb eines Unternehmens: soziale Sicherheit, faire Entlohnung, ökologischer Footprint.
- Die Welt außerhalb eines Unternehmens: soziales und ökologisches Engagement in der „Wirkwolke" (s. Kapitel 4.1, s. Seite 61) des Unternehmens.

Neben dem Fokus auf diese Bedürfnisgruppen hat TRI-MONY vier neue inhaltliche Eigenschaften. Sie folgen alle dem Gedanken einer radikalen öko-sozialen Nachhaltigkeit und einer hohen Transparenz im öko-sozialen Wirken.

Diese vier neuen Eigenschaften von TRI-MONY werden im Folgenden detailliert vorgestellt. Hier zeige ich sie zunächst als Übersicht:

1. Der partielle monetäre Verzicht: die dreifache Verwendung von Gewinn.

2. Die inhaltliche Strenge: Eliminieren von Beliebigkeit durch neue quantitative und qualitative Zielvorgaben.

3. Das nachhaltige Timing: eine bessere zeitliche Lenkung der Mittel.

4. Die TRI-MONY-Sozialbilanz: radikal offene soziale Bilanzierung.

Die Summe dieser vier Innovationen macht TRI-MONY zu einem mächtigen und disruptiven Werkzeug für öko-soziales Unternehmertum.


## 4.1 Der partielle monetäre Verzicht: die dreifache Verwendung von Gewinn

Ein wesentlicher Bestandteil von TRI-MONY ist eine neuartige Gewinnverwendung. Hierzu folgender Gedanke: Unternehmen werden von Unternehmern gegründet, werden durch Mitarbeiter gestaltet und belebt und befinden sich inmitten der Gesellschaft und Natur. Genau in diese drei Felder soll auch der Gewinn fließen. Das Konzept hat dabei zum Inhalt, dass ein Unternehmen eine Dividende nicht mehr vollumfänglich als monetäre Geldzahlung an die Inhaber auszahlt. Wie in Kapitel 3.2 gezeigt wurde, ist dies bei einer neuen Perspektive auf den Begriff „Erfolg" auch nicht mehr wünschenswert. Durch monetären Verzicht der Unternehmensinhaber kommt es zu einer radikalen Dreiteilung der Gewinnverwendung, die zusätzlich zu einer monetären noch eine zweigeteilte ökosoziale Dividende generiert.

Gewinnverwendung bedeutet, dass alle Gehälter, Bonifikationen, Investitions- und Risikorückstellungen sowie auch Abschreibungen bereits eingepreist sind. Der volle Fokus muss selbstverständlich zunächst auf der profitablen Steuerung des Unternehmens liegen. Das schließt Topgehälter für Topmanager samt jedweder Bonifikation mit ein. Es geht bei TRI-MONY um den Gewinn, der nach Steuern als Dividende ausgeschüttet oder als Kapitalerhöhung verbucht wird.

### Das erste monetäre Drittel des Gewinns

Das erste Drittel des Gewinns wird weiterhin als Geldzahlung an die Inhaber geleistet. Dies ist nahezu zwingend notwendig, weil Inhaber und Investoren erstens einen Risiko- und Inflationsausgleich erhalten müssen; nahezu kein ökonomisch-

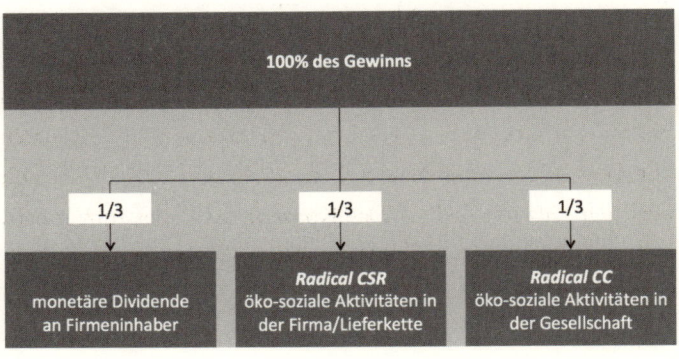

*TRI-MONY zielt auf eine Dreiteilung der Gewinnverwendung*
Quelle: Frank Martin Püschel

rational agierender Investor würde ansonsten ein Investment tätigen.

Zweitens darf diese monetäre Dividende durchaus auch das Vermögen des Unternehmers/Investors erhöhen. Das ist sinnvoll, damit Unternehmer Krisen überstehen und zudem in neue Geschäftsideen investieren können.

Drittens dient dies einer möglichen Befriedigung von psychologischen Aspekten, angefangen beim simplen Streben nach mehr Sicherheit durch Wohlstand bis hin zu ebenso menschlichen Eigenschaften wie Gier und Eitelkeit.

### Das zweite monetäre Drittel des Gewinns

Das zweite Drittel tangiert öko-soziale Themen und Aktivitäten innerhalb eines Unternehmens. Dieser Bereich ist potenziell sehr vielfältig. Manche Aktivitäten beheben prekäre Zustände, andere sind eher sozialer Luxus, gemessen an dem wenigen, was die Ärmsten in einer Lieferkette haben. „Kaffee für alle" ist sicherlich weniger wichtig als das Vermeiden von Ausbeutung.

Für soziale Themen in einem Unternehmen gibt es den englischen Fachbegriff „Corporate Social Responsibility" (CSR). CSR soll nach meinem Dafürhalten zunächst allen Mitarbeitern im Unternehmen dazu dienen, sich ein Leben in Würde finanziell leisten zu können („Living Wage", s. u.) und im Rahmen ihrer Arbeit keine Entwürdigung zu erfahren, z. B. durch fehlende demokratische Partizipationsrechte oder unzumutbare Arbeitsbedingungen (Hitze, Lärm, Luftverschmutzung). Zurzeit ist dies z. B. bei Textilarbeitern in Bangladesch, Erntehelfern in Marokko oder auch bei Wanderarbeitern in China oftmals nicht gegeben.

Mit „Unternehmen" ist hier nicht nur ein Standort in einem „reichen" Land gemeint, sondern sowohl die eigenen weiteren Standorte in „ärmeren" Ländern als auch direkte Zulieferfirmen im Fremdbesitz. Die Idee, direkte Zulieferer hierbei mit zu bedenken, bewirkt, dass wirklich der gesamte Produktionsprozess betrachtet wird. Sie verhindert, dass Unternehmen, die nur auf Entwicklungs- und Marketingfunktionen fokussiert sind, ihre Zulieferbetriebe außen vor lassen.

Die Firmen Adidas, Nike und Puma sind hier ein gutes Beispiel, denn sie fokussieren sich mehrheitlich auf Handel, Entwicklung und Marketing und produzieren einen Großteil der Produkte in Fremdbetrieben in Bangladesch, Kambodscha, Myanmar oder China. Die Markenfirmen behaupten zwar mehrheitlich, dass die Zulieferfabriken öko-sozial kontrolliert würden, aber die tatsächlichen Zustände vor Ort sind laut aktuellen Dokumentationen auch heute noch teilweise katastrophal. Die Arbeiter erhalten einen Hungerlohn, der weit unter dem Existenzminimum liegt; es werden keine Sozialversicherungsabgaben abgeführt; die Produktionsbedingungen sind durch die Kontamination mit Giftstoffen hochgradig gesundheitsschädlich. Es langt für ein Leben in Slums, vielleicht eine Schüssel Reis am Tag und in nahezu allen Fällen stark verunreinigtes Trinkwasser. An diesen Produkten klebt definitiv das unvorstellbare Leid der Arbeiter und ihrer Familien.

CSR muss deshalb auch eine radikal gelebte CSR bei direkten Zulieferbetrieben bedeuten.

Vor diesem Hintergrund fokussiert TRI-MONY auf wenige, aber dafür essenziell wichtige soziale Aktivitäten und Zustände. Dies ist eine wesentliche Lenkungsfunktion. Diese sozialen Aktivitäten und Zustände sind entscheidend dafür, ob ein Mitarbeiter in seiner Würde respektiert wird oder ob es zu einer mehr oder weniger schweren Form von Ausbeutung und würdelosem Umgang kommt. Es geht also darum, was im Unternehmen hinsichtlich der Erreichung öko-sozialer Mindeststandards unternommen wird.

TRI-MONY behandelt im Bereich CSR diese Felder:
- Entlohnung (Minimum Wage, Living Wage),
- Einhaltung der gesetzlich zulässigen Arbeitszeit,
- Arbeitsbedingungen,
- demokratische Partizipationsrechte,
- ökologischer Footprint.

Hinsichtlich der Entlohnung gibt es hierfür den international anerkannten Denkansatz des Living Wage (wage = Lohn, Gehalt). Dieser geht über das eventuell bekanntere Konzept des Minimum Wage hinaus. Der Living Wage erfüllt exakt die Aufgabe, dass der Arbeiter in der Gesellschaft als anerkanntes Mitglied soziale Teilhabe erleben kann (Grundbedürfnisse zzgl. Teilhabe an Bildung, Kultur etc.).

Arbeitszeiten sind ebenfalls ein wichtiges Thema. Nehmen wir China als Beispiel: Laut gesetzlicher Zielvorgabe dürfen Mitarbeiter in einer 5-Tage-Woche maximal 48,3 Stunden arbeiten (zzgl. Ausnahmen in Sondersituationen), davon sind 8,3 Stunden Überstunden. Wichtig ist dabei zu wissen, dass in China unter der Woche 50 Prozent mehr Gehalt pro Überstunde gezahlt werden, an Samstagen sogar 100 Prozent. Da es sich bei den Mitarbeitern oftmals um Wanderarbeiter handelt, sind diese sehr daran interessiert, so viele Überstunden wie möglich zu arbeiten. Solche Mitarbeiter, die von Kindern und Familie getrennt leben, wollen hart (aber nicht unmenschlich) arbeiten, um möglichst schnell wieder in die Heimat zurückkehren zu können. Diese Tatsache macht eine Einhaltung der maximalen Wochenarbeitszeit umso schwieriger, und eine Lösung gelingt laut meiner Erfahrung nur, wenn man das Thema Arbeitszeit sinnvoll mit dem Thema Gehalt verknüpft. In einem Satz: Wenn die Wochenarbeitszeit verkürzt werden soll, muss das Grundgehalt steigen.

Im Hinblick auf die Arbeitsbedingungen geht es zunächst um den Aspekt der Arbeitssicherheit. Hierfür gibt es einen international anerkannten Standard (OHSAS 18001). Eine Rolle spielen dabei z. B. ein sicheres Gebäude samt vorschriftsmäßigen Fluchtwegen sowie Arbeitsmaschinen, die die Gesundheit der Mitarbeiter nicht gefährden. Zertifizierungsinstitutionen wie die Firmen SGS oder TÜV kontrollieren die Einhaltung dieser Standards, werden aber gerade in Schwellenländern aufgrund der Zertifizierungskosten eher weniger beauftragt.

Darüber hinaus kann sich ein Unternehmer noch entscheiden, ob er die Mitarbeiter in nicht klimatisierten oder klimatisierten Hallen arbeiten lässt, ob es hygienisch einwandfreie Toiletten sowie Wasch- und Sozialräume gibt, ob Themen wie der Schutz vor Lärm, giftigen Substanzen und Staub gelöst sind und ob überhaupt der Zugang zu sauberem Trinkwasser gegeben ist. Diese Liste lässt sich nahezu unendlich forstsetzen. Bei alldem bedarf es allerdings nicht nur Absichtserklärungen auf dem Papier, sondern auch eines ständigen und effektiven Nachweises der Einhaltung.

Was die demokratische Partizipation der Mitarbeiter betrifft, so gibt es diese in Schwellenländern meist nicht. Das Sagen hat nur der Unternehmer, Mitarbeiter werden oftmals unterdrückt und bevormundet. Der Chef befiehlt, der Arbeiter gehorcht. Da nahezu alle Betriebe gleich sind, hat der Arbeitnehmer keine Auswahl, muss aber irgendwo arbeiten, allein um zu überleben. Die Achtung der Menschenwürde bleibt so meist auf der Strecke.

An dieser Stelle möchte ich ein wenig in die Zukunft blicken: Durch den Einsatz von IT und Robotik wird es in Zukunft immer weniger manuelle Arbeit für Menschen geben. Dies wird gering gebildeten Menschen den Zugang zu Arbeit und damit die Möglichkeit zum Lohnerwerb erschweren. Dieser Trend wird sicher nicht aufzuhalten sein, daher wird über dieses Problem bereits intensiv nachgedacht. Das dann entstehende soziale Dilemma versuchen unterschiedliche Vorschläge zu lösen, z. B. Überlegungen zum Thema Grundeinkommen sowie zu Abgaben von Unternehmen, die verstärkt auf Automation durch Robotik setzen und damit erfolgreich sind.

Der ökologische Footprint ist ebenfalls bedeutsam. Unternehmen können mit der Umweltmanagementnorm ISO 14001 (seit 1996) einen kontinuierlichen Verbesserungsprozess einleiten. Mit diesem können sowohl gesetzliche Umweltvorgaben als auch freiwillige Maßnahmen wie der Ausgleich der unternehmensverursachten $CO_2$-Emissionen, die Vermeidung von Müll und Verschmutzungen jeder Art (Wasser, Land, Luft) gesteuert werden.

Mit Blick auf die in Kapitel 4.2 gezeigte radikale Strenge heißt diese Kategorie bei TRI-MONY „RADICAL CORPORATE SOCIAL RESPONSIBILITY" (RADICAL CSR).

### Das dritte monetäre Drittel des Gewinns

Das dritte Drittel tangiert soziale Themen außerhalb eines Unternehmens, also in der Gesellschaft. Der Fachbegriff hierfür ist Corporate Citizenship (CC). Die Mittel sollen dazu dienen, in der das Unternehmen umgebenden Gesellschaft ökologisch und sozial zu wirken. Mit Gesellschaft ist sowohl der Mensch als auch die Natur gemeint. Idealerweise investiert jedes Unternehmen innerhalb der eigenen Wirkwolke.

Unter „Wirkwolke" ist der direkte Einflussbereich eines Unternehmens im Rahmen der Herstellung seines Produktes zu verstehen. Dies kann bei einem textilverarbeitenden Betrieb eine Bildungseinrichtung für die Kinder der beschäftigten Wanderarbeiter sein. Ein anderes Beispiel wäre die vergiftete Umgebung eines ölfördernden Unternehmens, das sich der eigenverursachten Entgiftung der Umwelt widmet.

Schwieriger wird es bei Firmen, die internetbasierte elektronische Softwarelösungen anbieten (Ebay, Facebook, Google etc.). Ihre Wirkwolke in der Herstellung ihres Produktes mag, etwas verkürzt gedacht, auf das eher wohlhabende Silicon Valley begrenzt sein. Ökologische Herausforderungen könnten sich zwar mit Blick auf die Kühlung der Rechenzentren, den hohen Stromverbrauch oder die Abwasserbehandlung finden. Man kann allerdings davon ausgehen, dass besagte Firmen dies gut lösen können. Solche Unternehmen, die ansonsten keine prekären öko-sozialen Missstände innerhalb ihrer Wirkwolke vorfinden, haben dann die Chance, sich ein System zu erdenken, dass außerhalb des Wirkungskreises der eigenen Firma aktiv ist. Öko-soziale Themen könnten im obigen Beispiel bei den Herstellern von Mobiltelefonen in Indien und China gefunden werden, ohne die Amazon, Facebook und Google nicht genutzt werden könnten, oder bei den in Zeltstädten lebenden Menschen in Kalifornien, deren Zahl zurzeit – für Außenstehende eher überraschend – drastisch anzuwachsen scheint.

Die Fokussierung auf die eigene Wirkwolke hat eine zentrale Lenkungsfunktion. Sie bewirkt, dass gesellschaftlich die Dinge angegangen werden, die mit einem bestimmten Unternehmen direkt in Verbindung stehen. Denn es fällt einem Unternehmen leichter, seinen Wirkungsgrad (Impact) zu vergrößern, wenn es mit den Gegebenheiten vertrauter ist, als wenn z. B. ein kanadisches Unternehmen in Kenia einen Brunnen bauen soll. Will sagen, der Brunnen baut sich deutlich leichter, wenn das kanadische Unternehmen dort eine Niederlassung hat (Nähe zur eigenen Wirkwolke). Oder noch besser: Sinnvoller wäre es, wenn die Brunnenbauer die vom reichen Europa beauftragten Rosenzuchtbetriebe in Kenia wären, die den Viehzüchtern vor Ort das Wasser vorenthalten, indem in Kenia ganze Flüsse auf Rosenfarmen umgeleitet werden. Ähnliches gilt für die Produktion von Avocados in Südamerika und viele andere Produkte. Hier wäre das Engagement zu 100 Prozent in der eigenen Wirkwolke.

Weiter ist es wichtig, dass der Wirkungsgrad öko-sozialer Aktivitäten überhaupt thematisiert wird. Ein hoher Impact bedeutet, pro Mitteleinheit viel gesellschaftlichen Nutzen zu erzielen. Bleiben wir beim Brunnen: Ein teurer Brunnen im wassertriefenden Kanada hat weniger sozialen Impact als ein günstiger Brunnen im wüstenhaften Kenia.

Blieben alle Unternehmen innerhalb der eigenen Wirkwolke, würde sowohl verhindert, dass bestimmte Projekte mehrfach unterstützt werden, als auch, dass andere Projekte gar nicht beachtet werden. Denn heute generiert oftmals diejenige soziale Organisation die meisten Mittel, die das beste Sozialmarketing aufweist.

Wichtiger jedoch ist fast noch, dass damit alle Wirkwolken aller Unternehmen angesprochen werden würden und damit die Gesamtheit des Schadens, den Unternehmen weltweit verursachen. Wenn jedes Unternehmen „vor seiner eigenen Türe kehrte", würde zumindest jedes von Unternehmen verursachte Problem angegangen.

Analog zu RADICAL CSR heißt diese Kategorie mit Blick auf die in Kapitel 4.2 gezeigte radikale Strenge bei TRI-MONY „RADICAL CORPORATE CITIZENSHIP" (RADICAL CC).

## Der Gesamteffekt der dreifachen Verwendung von Gewinn

Indem die Inhaber eines Unternehmens auf zwei Drittel des Firmengewinns verzichten, bewirken sie eine öko-soziale Leistung an Dritte. Dies sind die öko-sozialen Aktivitäten im Unternehmen sowie außerhalb des Unternehmens in Gesellschaft und Umwelt. Das ist die soziale Dividende (oder ökologisch-soziale Dividende). Der Empfänger der sozialen Dividende ist zwar nicht der Firmeninhaber. Was der Inhaber im Rahmen der sozialen Dividende aber erhält, ist das Wissen, dass seine Unternehmensinvestition als Ertrag die besagten öko-sozialen Leistungen bei Dritten bewirkt. Das Kapital des Investors bewirkt öko-soziale Aktivitäten, somit die öko-soziale Dividende.

Im Idealfall befriedigt die Gesamtdividende in bescheidenerem Maßstab sowohl die monetären als auch – neu – die öko-sozialen Ziele eines Investors. Allein diese erste Neuerung von TRI-MONY erschafft ein System, dass ein Unternehmer sofort adaptieren kann. Wie noch zu sehen sein wird, bietet TRI-MONY dem Unternehmer zusätzlich noch eine leicht verständliche Erfolgskontrolle der Erreichung der öko-sozialen Ziele. Beliebigkeit sowohl in der Art sozialer Aktivitäten als auch in Bezug auf die Höhe der investierten Geldmittel hat dadurch keine Chance.

## Weshalb „zwei Drittel"?

Laut den Vereinten Nationen besteht allein im Jahr 2018 ein Bedarf an humanitärer Nothilfe in Höhe von 22 Milliarden US-Dollar für 136 Millionen Menschen weltweit. Um die sogenannten Millenniums-Entwicklungsziele (2015 haben 193

Staaten diese Nachhaltigkeitsziele verabschiedet) zu erreichen, beziffern die Vereinten Nationen den Finanzbedarf bis 2030 auf 2.500 Milliarden US-Dollar. Es deckt sich mit dem Konzept von TRI-MONY, dass dabei die Privatwirtschaft aufgerufen wird, einen Großteil der Gelder bereitzustellen.

Bei den Recherchen zu diesem Buch fanden sich keine Angaben irgendeiner Institution, die aufzeigt, wie viel an Kapitaleinsatz insgesamt notwendig sei, um alle menschengemachten Missstände (humanitäre Nothilfe, soziale Ausbeutung, Zerstörung der Natur etc.) dieser Welt zu beheben. Die Welt wird auch nicht besser, wenn man passiv auf solch eine Angabe wartet. Es ist offensichtlich, dass ein Wandel aufgrund der akuten globalen Missstände radikal sein muss.

Wenn ein Drittel des Profits bei den Inhabern bislang erfolgreicher und dadurch bereits vermögender Unternehmen verbleibt, erfahren diese Inhaber einen ausreichenden Inflations- und Risikoausgleich. Dann können sie weiterhin ihre gesellschaftlich tolerierbaren persönlichen Ziele verfolgen. Es ist zu vermuten, dass die Klischees „Porsche und Villa" von der Gesellschaft akzeptiert werden, nicht jedoch eine 100-Millionen-US-Dollar-Jacht, wenn die Firma des Unternehmers z. B. die Umwelt zerstört oder Wanderarbeiter ausbeutet. Die wirtschaftlich erfolgreichsten Konzerne dieser Welt verkraften TRI-MONY leicht. Die Forderung von zwei Dritteln ist somit zumutbar, ausgewogen, fair und zugleich radikal öko-sozial. Gib so viel, bis es dir wehtut!

Es mag nun Unternehmen geben, die sich TRI-MONY aus welchen Gründen auch immer nicht leisten zu können meinen. Ein Beispiel könnten kapitalvernichtende Börsenhypes sein, die anfänglich bewusst keine Gewinne anstreben, sondern sich Marktanteile durch Verdrängung aneignen, um später als Monopolist das Geldverdienen nachzuholen. Ob diese Firmen für die Gesellschaft sinnvoll sind, mag man individuell bewerten. Solche Firmen könnten TRI-MONY zumindest weitmöglichst einführen und die volle Erfüllung der Zielgrößen für den Zeitpunkt anstreben, zu dem Gewinne anfallen.

„Zwei Drittel" meint darüber hinaus nicht nur eine jeweilige Zielgröße von 2 × 33,3 Prozent des Gewinns, sondern es geht dabei auch um die grundsätzliche Ausrichtung eines Unternehmens. Gerade monetär erfolgreiche Großkonzerne benötigen einen ausreichend großen Mitarbeiterpool, der sich um die Optimierung der sozialen Belange im Unternehmen und um eine möglichst Impact-getriebene Strategie hinsichtlich des öko-sozialen Wirkens außerhalb des Unternehmens bemüht. Diese Mitarbeiter sollen eine soziale Gesamtstrategie des Unternehmens entwickeln, die bei der Einführung sowohl nach außen als auch nach innen, gegenüber den Mitarbeitern, ausgiebig kommuniziert wird.

Organisatorisch könnte eine solche TRI-MONY-Stabsstelle an das gerade bei großen Unternehmen vorhandene System der Corporate Governance, also das Verwaltungssystem zur Einhaltung aller internationalen und nationalen Regeln, Vorschriften, Werte und Grundsätze, angedockt werden. Alternativ kann eine solche TRI-MONY-Abteilung auch eigenständig in einer Firmenorganisation verankert sein.

Wenn es eine ausreichend besetzte Abteilung für die beiden Betätigungsfelder CC und CSR gäbe und damit auch alle anderen Mitarbeiter ständig darüber informiert wären, was sie mit ihrer Arbeit an öko-sozialem Output bewirken, dann könnte dies einen neuen Geist im Unternehmen hervorbringen.

Unternehmen jedweder Branche können mit TRI-MONY diesen Geist einer Wirtschaft 6.0 atmen, ohne ihr Geschäftsmodell verändern zu müssen. Nur durch einen wie von TRI-MONY geforderten monetären radikalen Wandel lassen sich die ökologisch-sozialen Probleme von heute mit einer realistischen Hoffnung auf eine bessere Zukunft angehen. Ein weniger radikales Umdenken, das die Unternehmensinhaber monetär weniger schmerzt, wird wesentlich nichts verändern. Andersdenkende mögen den Gegenbeweis antreten.

Hier einige Zahlen:
1. Die im Deutschen Aktienindex DAX vertretenen 30 Unternehmen haben im Jahr 2017 einen Gewinn von 96 Milliarden Euro und eine Dividendensumme für das Jahr 2018 in Höhe von 35 Milliarden Euro erwirtschaftet.
2. Das DAX-Kurs-Gewinn-Verhältnis (KGV) betrug im Jahr 2017 den Faktor 14. In den USA liegt das KGV bei den Indizes Dow Jones und S&P 500 über 20 (10-Jahres-Durchschnitt im Dow Jones: 25).
3. Allein die Kapitalisierung aller börsennotierten Unternehmen lag im Jahr 2017 weltweit bei 65 Billionen US-Dol-

lar. Hinzu kommen noch die vielen nicht börsennotierten Unternehmen.

4. Wendet man das hohe zehnjährige KGV im Dow Jones von 25 auf eine globale Börsenkapitalisierung von 65 Billionen US-Dollar an, so kommt man auf eine globale jährliche Gewinnsumme aller börsennotierten Unternehmen von 2,6 Billionen US-Dollar.

Wenn allein zur Erreichung der Millenniums-Entwicklungsziele der Vereinten Nation insgesamt 2,5 Billionen US-Dollar bis zum Jahr 2030 benötigt werden, ist es noch deutlich teurer, alle öko-sozialen Missstände dieser Welt zu heilen.

Aber: Die Mittel für den Wandel sind in der Welt der Unternehmen vorhanden!

Wenn der für eine Heilung aller öko-sozialen Missstände benötigte Kapitalbedarf ein Vielfaches der o.g. 2,5 Billionen US-Dollar beträgt und der Wandel schnellstmöglich erfolgen soll, dann sind wir Menschen nach meinem Dafürhalten verpflichtet, unsere bisherige Perspektive zum Thema Erfolg durch eine geistige Evolution zu überwinden und heute maximal zumutbare Änderungen in unserem Wirtschaftsverhalten vorzunehmen.

Unternehmensinhaber, die sich für eine radikale Veränderung ihres Umgangs mit Profit entscheiden, haben die gute Chance, dass ihre Unternehmenswelten in Teilen zu einer sozialen Kampagne mutieren, bei der alle Interessensgruppen wertschätzen, dass ein Unternehmen ganz bewusst öko-soziale Verbesserungen bewirkt. Ein Unternehmen gewinnt somit gesellschaftliche Sinnstiftung und Wertschätzung, potenziell neue Kunden sowie intrinsisch höher motivierte Mitarbeiter.

## 4.2 Die inhaltliche Strenge: Eliminieren von Beliebigkeit durch harte quantitative und qualitative Zielvorgaben

Die Zielvorgaben sind, einzeln und oberflächlich betrachtet, teilweise nicht neu. Es gibt bereits Unternehmen, die es sich zum Ziel gesetzt haben, eine öko-soziale Wirkung zu erzielen, und die sich in den Bereichen CC und CSR engagieren (s. Kapitel 2).

Neu ist, dass es mit TRI-MONY ein System gibt, das verschiedene Ziele und Kategorien öko-sozialen Wirkens bündelt und diesen sowohl quantitative als auch qualitative Zielgrößen zuordnet. TRI-MONY beinhaltet in sich bereits die quantitativen und qualitativen Zielvorgaben. TRI-MONY ist damit radikaler, also konkreter, umfassender und fordernder als andere Systeme.

Die Zielvorgaben wurden zuvor bereits im Detail erläutert und werden hier nur kurz erneut aufgezeigt:

**Quantitative Strenge**
**Die dreifache Gewinnverwendung**
Monetärer Gewinn wird nach einem festen System zu zwei Dritteln in klar definierte öko-soziale Belange (CC und CSR) umgeleitet.

## Qualitative Strenge

Ad: die öko-soziale Welt innerhalb eines Unternehmens (CSR)

Hier konzentriert sich TRI-MONY bewusst auf die dringendsten öko-sozialen Belange:

- Entlohnung (Minimum Wage, Living Wage),
- Einhaltung der gesetzlich zulässigen Arbeitszeit,
- Arbeitsbedingungen,
- demokratische Partizipationsrechte,
- ökologischer Footprint.

Selbstverständlich gibt es noch zusätzliche Zielmöglichkeiten im Bereich CSR. Die konkrete Zielsetzung ist, dass ein Unternehmen die für seine Prozess- und Lieferkette öko-sozial dringlichsten Themen ermittelt und konkret angeht.

Ad: die öko-soziale Welt außerhalb eines Unternehmens (CC)

Die Zielvorgabe ist hierbei die Fokussierung auf die eigene Wirkwolke und das verpflichtende Einbringen des Themas Wirkungsgrad = Impact.

Aufgrund der quantitativen und qualitativen Strenge sprechen wir bei TRI-MONY von RADICAL CSR und RADICAL CC (s. Kapitel 4.1, s. Seiten 61 und 63).

TRI-MONY möchte andere Systeme öko-sozialen unternehmerischen Wirkens nicht unbedingt ablösen. Es lässt sich mit anderen sozialen Systemen unter Umständen kombinieren, oder es könnte komplementär verwendet werden.

### 4.3 Das nachhaltige Timing: eine bessere zeitliche Lenkung der Mittel

Unternehmen publizieren ihre Geschäftsergebnisse nach dem eigentlichen Geschäftsjahr, das nicht immer ein Kalenderjahr sein muss. Zu diesem Zeitpunkt kann der Gewinn eines Jahres natürlich nicht rückwirkend zu zwei Dritteln in soziale Belange investiert werden.

TRI-MONY löst dieses Problem auf nachhaltige Art und Weise. Die Mittel für soziale Belange speisen sich bei TRI-MONY aus den Ergebniszahlen von vor zwei Jahren. Das bedeutet, in jedem Jahr definiert sich die Mittelverwendung für die sozialen Aktivitäten aus den Ergebnissen des Vorvorjahres.

Ein Beispiel: Die fiktive Firma „Social Ltd" erwirtschaftet im Jahr 2020 einen vermuteten auszuschüttenden Gewinn von 300.000 Euro. Sie weiß um diesen Gewinn recht grob im ersten Quartal 2021. Dann folgt Bilanzkosmetik jedweder Art, u. a. auch das Ermitteln von Rückstellungspotenzial. Dann geht das Zahlenwerk an Steuerberater und Wirtschaftsprüfer. Bis die „Social Ltd" konkret weiß, welcher exakte Gewinn 2020 angefallen ist, können viele Monate vergehen.

Sicher ist, dass es im Jahr 2022 eine konkrete Gewinnzahl für das Geschäftsjahr 2020 gibt. Dadurch gibt es auch bereits zum Anfang des Geschäftsjahres 2022 ein konkretes Budget für die Gewinnausschüttung sowie die Investition in die zwei Themenfelder CC und CSR. Damit ist der gesamte Prozess deutlich besser planbar.

Stellen wir uns nun vor, dass nach einem guten Geschäftsjahr ein sehr schlechtes Geschäftsjahr folgt. Bisher würden Unternehmen und damit auch die Empfänger der öko-sozialen Aktivitäten davon „kalt" überrascht. Besagte Aktivitäten müssten eventuell schnell und stark reduziert werden, obwohl es im Folgejahr vielleicht wieder gute Zahlen geben würde.

Bei TRI-MONY ist dieses Problem gelöst. Im Jahr 2022 weiß der Unternehmer mehr oder weniger grob, wie sich die Jahre 2020 und 2021 entwickelt haben. Er hat die Möglichkeit, zur Beibehaltung begonnener Aktivitäten die Mittel kalkulatorisch aus späteren wirtschaftlich erfolgreichen Jahren in frühere wirtschaftlich schlechtere Jahre zu verlagern.

Dieses retrospektive Rollieren erlaubt es, mögliche Ausschläge einer Unternehmensentwicklung zu glätten. Zudem erzeugt es eine eindeutige Gewissheit über die Sozialbudgets des jeweils anstehenden Jahres.

### 4.4 TRI-MONY-Sozialbilanz: radikal offene soziale Bilanzierung

Herkömmliche Handelsbilanzen stellen die soziale Wirkung eines Unternehmens bestenfalls insofern dar, als dass eine absolute Zahl an ökologischem oder sozialem Investment aufgezeigt wird, z. B. Mittel für Baumpflanzungen oder das Spendenaufkommen.

Dabei wird Folgendes in der Regel nicht kommuniziert:

- in welchem Bezug die Zahlen zum Gesamterfolg einer Firma stehen;
- ob es ein fundiert begründetes System für öko-soziales Wirken gibt;
- welche konkreten langfristigen öko-sozialen Ziele ein Unternehmen hat;
- ob und welche Zielerreichung des firmeneigenen Sozialsystems existiert;
- ob die eigene Wirkwolke tangiert wird.

Neben Handelsbilanzen gibt es heute bereits Modelle von Sozialbilanzen. Diese sind in den meisten Ländern ohne gesetzliche Formvorgabe und variieren darin, inwieweit sie quantitative (monetäre) oder qualitative Angaben machen. Mir bekannte Modelle sozialer Bilanzierung spiegeln die Antworten auf die obigen Fragen jedenfalls nicht vollständig wider. Da somit kein geeignetes Vorbild an sozialer Bilanzierung vorlag, das zudem noch leicht verständlich ist, musste ein neues soziales Bilanzierungssystem entwickelt werden.

Ein solches Bilanzierungssystem soll für jedes Unternehmen, das systemisch öko-sozial aktiv sein möchte, einfach kopierbar sein. Es kann als Blaupause dienen, um parallel zu dem in einer Handelsbilanz gezeigten monetären Erfolg auch den öko-sozialen Erfolg eines Unternehmens auf die im Folgenden gezeigte Art abzubilden. Dies kann für alle Stakeholder (Investoren, Mitarbeiter, Kunden, Lieferanten, Öffentlichkeit etc.) von hohem Interesse sein.

| TRI-MONY-Sozialbilanz | CSR (Corpoarte Social Responsibility) Firmeninterne soziale Mindeststandards | CC (Corporate Citizenshop) Soziales Engagement außerhalb der Firma |
|---|---|---|
| **Soziale Assets**<br><br>Was <u>bis heute insgesamt</u> an sozialem Erfolg erreicht wurde | Grad der Einhaltung der Mindeststandards im Bereich CSR<br><br>Einhaltung/Implementierung von:<br><br>• regionale max. Wochenarbeitszeit<br><br>• Living Wage an allen Standorten<br><br>• Arbeitssicherheitsregeln nach OHSAS plus ganzjährige Klimatisierung/Lärmschutz<br><br>• demokratische Partizipationsrechte<br><br>• Umweltschutz nach ISO 14001 | Erfüllungsgrad der Kernaspekte im Bereich CC:<br><br>• Implementierung eines gelebten Systems<br><br>• Grad, zu dem soziale Aktivitäten im Bereich CC in der eigenen Wirkwolke stattfinden<br><br>• Anstreben eines hohes Wirkgrades der CC-Aktivitäten |
| **Sozialer Cashflow**<br><br>Was <u>jährlich</u> an Profit für die beiden sozialen Bereiche verwendet wird | Diese Zahl gibt an, zu wie viel Prozent das angestrebte Drittel des Profits im Bereich CSR verwendet wurde. | Diese Zahl gibt an, zu wie viel Prozent das angestrebte Drittel des Profits im Bereich CC verwendet wurde. |
| TRI-MONY-Score | Der TRI-MONY-Gesamt-Score ist der ungewichtete Durchschnitt der obigen vier Ergebnisse. | |

*Grundsätzlicher Aufbau der Sozialbilanz von TRI-MONY*
Quelle: Frank Martin Püschel

In der Tabelle oben ist das System dargestellt. Da es nun etwas bilanztechnisch wird, zeige ich zunächst die Sozialbilanz inklusive einer Kurzerklärung, um das Leseverständnis zu vereinfachen. Die echte Bilanz enthält Zahlen und findet sich in der Tabelle unten.

| TRI-MONY-Sozialbilanz | CSR (Corpoarte Social Responsibility) Firmeninterne soziale Mindeststandards | CC (Corporate Citizenshop) Soziales Engagement außerhalb der Firma |
|---|---|---|
| **Soziale Assets** Was <u>bis heute</u> insgesamt an sozialem Erfolg erreicht wurde | **88 %** | **75 %** |
| **Sozialer Cashflow** Was <u>jährlich</u> an Profit für die beiden sozialen Bereiche verwendet wird | **171 %** | **38 %** |
| **TRI-MONY-Score** | (88 % + 75 % + 171 % + 38 %) : 4 = **93 %** | |

*TRI-MONY-Sozialbilanz in Zahlen = Erfüllungsgrade*
Quelle: Frank Martin Püschel

Im Folgenden werden die Details der TRI-MONY-Sozialbilanz erläutert:

Ein Jahresabschluss in Form einer Handelsbilanz enthält u. a. eine Darstellung der Aktiva und eine Kapitalflussbetrachtung (Cashflow). Analog dazu gibt es in der Sozialbilanz von TRI-MONY („sozial" meint hier auch das Ökologische) sowohl eine Aufstellung „Sozialer Assets" (Was hat die Firma an sozialen Assets = Wertzuständen/Gegebenheiten?) als auch eine jährliche Betrachtung der für das Soziale verwendeten Mittel (Sozialer Cashflow). Beide beschäftigen sich mit den Themenfeldern öko-sozialer Aktivitäten innerhalb und außerhalb des Unternehmens (CC und CSR). Zudem gibt es einen Gesamt-Score (TRI-MONY-Score) für den Gesamterfolg. Dieser TRI-MONY-Score bildet den ungewichteten Durchschnitt der vier Bewertungskategorien.

### Soziale Assets (= Wertzustände in CC und CSR)

Hier wird für die Bereiche CC und CSR ermittelt, was bereits im Unternehmen erreicht wurde und fiktiv als sozialer Wertzustand (ein Wertgegenstand wäre ein Asset) in eine Sozialbilanz eingestellt werden kann.

Ad: Bereich RADICAL CSR (öko-soziale Aktivitäten innerhalb des Unternehmens)

Das System beschränkt sich auf elementarste Kriterien. Es beantwortet die Frage, was innerhalb der Wertschöpfungskette im Unternehmen hinsichtlich der Erreichung sozialer Mindeststandards erreicht wurde.

Mindeststandards sind die in Kapitel 4.1 (s. Seite 58) beschriebenen Standards:

- Entlohnung (Minimum Wage, Living Wage),
- Einhaltung der gesetzlich zulässigen Arbeitszeit,
- Arbeitsbedingungen,
- demokratische Partizipationsrechte,
- ökologischer Footprint.

Zu beachten ist: Neben formalen Wertzuständen (XY wird eingehalten) ist auch das Empfinden der Menschen, für die die sozialen Zustände gedacht sind, von Bedeutung. Dies ist eine Besonderheit, die ich am Beispiel Living Wage und dem Prinzip „Input – Output – Outcome – Impact" (IOOI) erklären möchte:

Angenommen, ein Betrieb in Shenzhen, China, zahlt den lokal angesetzten Living Wage von z. B. 3.500 Renminbi (chinesische Währung) pro Monat. Dies wäre der Input. Der Output wäre, dass ein Mitarbeiter einen Betrag ausgezahlt bekäme, der geringer ist, weil Steuern und Sozialabgaben abgezogen werden. Der Outcome wäre, dass der Mitarbeiter zwar mehr Geld als bei der Zahlung des Mindestlohns zur Verfügung hätte, aber es ist unklar, ob nicht die höheren Steuern und Sozialabgaben das Gehalt so weit drücken, dass es weiterhin nicht zu einem Leben in Würde und sozialer Teilhabe an der Gesellschaft ausreicht. Der Impact könnte sein, dass der Mitarbeiter seinen Kindern weiterhin keinen Schulbesuch ermöglichen kann — oder eben doch.

Deshalb sind neben der Einhaltung plakativer (teils gesetzlicher) Vorgaben immer auch die Bewertungen derjenigen von Bedeutung, die begünstigt werden sollen. Wenn ein Mitarbeiter eine soziale Aktivität nicht als positiv und als die Wahrung seiner Menschenwürde fördernd empfindet, ist die Maßnahme unter Umständen fehlgerichtet. Ich selbst habe im Unternehmen des Öfteren die Situation erlebt, dass positiv beabsichtigtes „Gutmenschentum" an den kulturellen oder lokalen Gegebenheiten scheiterte. Deshalb ist es sinnvoll, die Einhaltung der in dieser Kategorie geforderten Mindeststandards in ihrer Wirkung immer von denjenigen bewerten zu lassen, die davon positiv betroffen sein sollen. Dies sollte mittels einer anonymen und von Externen durchgeführten Umfrage geschehen.

Ein anderes Beispiel sind die Arbeitszeiten: Was nützt die Einhaltung z. B. einer 48-Stunden-Woche in China, wenn sich die Mitarbeiter dann am Abend und am Wochenende eine Zweit- und Drittbeschäftigung suchen und erneut auf weit über 70 Wochenstunden kommen? Dies eventuell noch unter deutlich schlechteren Bedingungen bis hin zur Ausbeutung. Sind diese Mitarbeiter dann mit der 48-Stunden-Woche zufrieden? Wohl kaum.

Deshalb sollte der formale Einhaltungsgrad der Mindeststandards immer um die Ergebnisse einer subjektiven Bewertung der Mitarbeiter bereinigt werden. Im Beispiel: Wird die Arbeitszeitgrenze von 48 Stunden eingehalten, ist das dann positiv, wenn der Mitarbeiter hierin keine Belastung für sein Leben sieht und mit dem Lohn dieser 48-Stunden-Beschäftigung insgesamt würdevoll leben kann. Entlohnung und Arbeitszeit sind hier zwei objektive Seiten derselben Medaille, aber es kommt bei dieser Bewertung oftmals noch eine dritte subjektive Seite hinzu. Diese persönliche Bewertung, zusätzlich geprägt durch kulturelle Gegebenheiten, ist es, die durch Umfragen wertgeschätzt werden soll.

Ad: Bereich RADICAL CC (öko-soziale Aktivitäten in der Gesellschaft)

Hier soll die in Kapitel 4.1 (s. Seite 61) thematisierte Frage beantwortet werden, inwieweit hinsichtlich sozialer Aktivitäten in der Gesellschaft ein strategisch durchdachtes und kontrolliertes System im Unternehmen existiert, das zudem noch die eigene Wirkwolke tangiert.

Weiter ist von Bedeutung, ob diese sozialen Aktivitäten auf ihren Wirkungsgrad hin evaluiert werden. Dies kann durch externe spezialisierte Dienstleister oder eigene Mitarbeiter geschehen. Wie bereits erwähnt, geht es hier um das, was bereits erreicht wurde und was als Soziales Asset in eine Sozialbilanz eingestellt werden kann.

### Sozialer Cashflow (= soziale Profitverwendung)

Hier wird ermittelt, inwieweit der zeitlich relevante Profit (s. Kapitel 4.3) zu dem jeweils gewünschten Drittel des Gesamtprofits in die Bereiche CC und CSR geleitet wird. Anders als die Rubrik Sozialer Assets, die Gesamtzustände abbildet, ist dies eine jährliche Betrachtung bzw. ein Nachweis, ob ausreichend finanzielle Mittel in Abhängigkeit vom Profit für das Öko-Soziale verwendet werden.

Ad: Bereich RADICAL CSR (öko-soziale Aktivitäten innerhalb des Unternehmens)

Diese Zahl gibt an, inwieweit das Drittel des zeitlich relevanten Profits im Bereich CSR verwendet wurde.

Ad: Bereich RADICAL CC (öko-soziale Aktivitäten in der Gesellschaft)

Diese Zahl gibt an, inwieweit das Drittel des zeitlich relevanten Profits im Bereich sozialer Aktivitäten in der Gesellschaft (CC) verwendet wurde.

Diese Betrachtung ist einfach und zeigt klipp und klar das finanzielle öko-soziale Engagement einer Firma.

In der Tabelle zeige ich erneut die konkreten Zahlen für meine Firmengruppe aus dem Jahr 2016. Der TRI-MONY-Score in Höhe von 93 Prozent bildet dabei den ungewichteten Durchschnitt der vier Bewertungskategorien.

| TRI-MONY-Sozialbilanz | CSR (Corpoarte Social Responsibility) Firmeninterne soziale Mindeststandards | CC (Corporate Citizenshop) Soziales Engagement außerhalb der Firma |
|---|---|---|
| **Soziale Assets** Was bis heute insgesamt an sozialem Erfolg erreicht wurde | **88 %** | **75 %** |
| **Sozialer Cashflow** Was jährlich an Profit für die beiden sozialen Bereiche verwendet wird | **171 %** | **38 %** |
| **TRI-MONY-Score** | (88 % + 75 % + 171 % + 38 %) : 4 = **93 %** | |

*Beispiel für eine TRI-MONY-Sozialbilanz*
Quelle: Frank Martin Püschel

Besonders das gesellschaftliche Engagement ist mit 38 Prozent des gewünschten Drittels des Profits verbesserungswürdig. Im Jahr 2016 war es allerdings notwendig, zunächst innerhalb der Firma die Gegebenheiten im Bereich CSR zu verbessern, was die hohe Zahl von 171 Prozent im CSR-bezogenen Sozialen Cashflow bewirkte.

Zum Vergleich: Die Siemens AG spendete laut dem Siemens-Nachhaltigkeitsbericht 2016 (auf Seite 35) im Jahr 2016 0,4 Prozent des Gesamtgewinns als gesellschaftliches Engagement. Bis zu den von TRI-MONY geforderten 33,3 Prozent des Gewinns gibt es also noch Entwicklungspotenzial.

## Erfolgsbewertung

Eine Handelsbilanz lässt sich mit vielen gängigen Erfolgskennzahlen bewerten. Obwohl diese „Wissenschaft" bereits Hunderte Jahre existiert, gibt es nur wenige Kennzahlen, denen man einen absoluten Grad an Erfolg beimessen kann. Die meisten Erfolgskennzahlen erhalten erst dann einen Sinn über sich selbst hinaus, wenn man sie in irgendeinen Kontext stellt, z. B. indem man Firmen derselben Branche miteinander vergleicht. Dann erfährt man, welcher Betrieb erfolgreicher arbeitet (diverse Kapitalrenditen) und „gesünder" aufgestellt ist (z. B. mittels des Ratios Eigenkapital zu Fremdkapital). Über die Bilanzkennzahlen hinaus gibt es noch börsenrelevante Kennzahlen, die den finanziellen Zustand eines Unternehmens in Relation zur Bewertung an der Börse stellen. Beispiele sind hier das KGV (Kurs-Gewinn-Verhältnis) und das KBV (Kurs-Buchwert-Verhältnis). Auch hier gibt es eher keine Standards für eine absolute Erfolgsbewertung, sondern man interpretiert die Relationen zwischen Unternehmen oder Branchen.

Im Bereich der Sozialbilanz bietet TRI-MONY einen einfachen Indikator. Liegt der Score bei den Sozialen Assets in den Bereichen CSR und CC bei jeweils 100 Prozent, ist das Maximum erreicht. Dann hat das Unternehmen in beiden Bereichen ein gutes System, zumindest bezogen auf die genannten Mindestvoraussetzungen.

Im Bereich des Sozialen Cashflows sind die Indikatoren CSR-Cashflow und CC-Cashflow ebenfalls dann erfolgreich, wenn sie bei 100 Prozent liegen. Hier kann es allerdings die folgende beispielhafte Situation geben:

Ein Unternehmen hat ein sehr gutes CSR-System mit einem CSR-Bilanzfaktor von 100 Prozent. Damit dieses System bei 100 Prozent bleibt, muss eventuell kein Drittel des jährlichen Profits mehr investiert werden. Dann ist es zulässig, dass diese Mittel in den Bereich CC umgeleitet werden. Bei einem CSR-Bilanzfaktor von 100 Prozent arbeitet ein Unternehmen also auch dann sehr gut, wenn das Mittel des Sozialen Cashflows bei 100 Prozent liegt (z. B. CSR-Cashflow bei 50 Prozent und CC-Cashflow bei 150 Prozent). Dies mag vor allen Dingen bei Unternehmen der Fall sein, deren Betriebsstätten und direkte Zulieferer in nicht prekären Regionen angesiedelt sind (z. B. Silicon Valley).

TRI-MONY beinhaltet also bereits in sich eine absolute Bewertung, wann ein Unternehmen erfolgreich aufgestellt ist.

Diese kann natürlich auch in Relation zu anderen Unternehmen gesetzt werden. Sind allerdings die vier Indikatoren bei 100 Prozent, dann ist die Pflichtaufgabe der Implementierung eines radikalen Systems für ökologisch-soziales unternehmerisches Wirken hervorragend bestanden – und jedes weitere soziale Engagement ist nur noch Kür.

Die Sozialbilanz von TRI-MONY ist im Vergleich zu Handelsbilanzen bewusst einfach gehalten. Es obliegt jeder einzelnen Unternehmerschaft, die tieferliegenden Details für sich zu bewerten. Auf der gezeigten grundsätzlichen Ebene allerdings wird mit TRI-MONY ein klares und eindeutiges Bild produziert.

Mit einer Sozialbilanz wird gesichert, dass ein unternehmerisches Sozialsystem diese Vorteile aufweist:
- Es existiert eine wirksam gelebte soziale Handlungssystematik.
- Das CC-Engagement bewegt sich in der eigenen Wirkwolke.
- Die dringlichsten CSR-Kriterien werden eingehalten und sichern bei einem Erfüllungsgrad von 100 Prozent allen Mitarbeitern ein würdevolles Arbeitsleben.
- Der Einhaltungsgrad der finanziellen Drittelung des Profits wird kontrolliert.

All diese Paramater und deren Erreichung bündeln sich im TRI-MONY-Gesamt-Score, der die Gesamterfüllung anzeigt. Jeder Interessierte kann so auf einfache Art und Weise Unternehmen hinsichtlich der öko-sozialen Systeme und Wirkungen absolut, d. h. unabhängig von individueller Unternehmensgröße und individuellem Profit, vergleichen.

## TRI-MONY als Bindeglied für den ESG-Ansatz

Die Finanzwelt hat inzwischen den Bewertungsansatz ESG (Environment/Umwelt – Social/Soziales – Governance/Unternehmensführung) adaptiert. Er soll die Nachhaltigkeit und den ethischen Impact des Investments in eine Firma angeben. Wir halten diesen Ansatz für ungenügend, denn er betrachtet zum einen nur die Dinge, die sich in einem Unternehmen direkt abspielen. Er betrachtet kaum gesellschaftliches Engagement und ebenso kaum die Lieferkette. Darüber hinaus arbeitet ESG mit hochgradig subjektiven Daten, die extern schwer zu quantifizieren und zu verifizieren sind. Es gibt zudem keine allgemeinverbindliche Zielvorgabe, bei welchem Tun genau nun die Bewertung einer der Bereiche Environment, Social oder Governance positiv ausfällt.

Jede Investmentgesellschaft, die mit dem ESG-System Firmen bewertet, legt selbst fest, nach welchen Kriterien sie ein Unternehmen als nachhaltig klassifiziert. Ob dieses mit oder ohne Atomenergie wirtschaftet oder ob sich mit seinen Produkten potenziell Kriege führen lassen (Rüstungsindustrie), bewertet jede Investmentgesellschaft innerhalb des ESG-Ansatzes ganz individuell.

So kommt es dazu, dass Unternehmen bei verschiedenen Gesellschaften als nachhaltig gelten, wenn sie bei der einen Gesellschaft nur ein Kriterium, bei einer anderen Gesellschaft hingegen sehr viele Kriterien positiv erfüllen. Jeder Aktienfonds bewertet die ESG-Kriterien unterschiedlich und hält die Bewertungsmethodologie oftmals geheim. Die ESG-Kriterien verlieren dadurch nahezu jede Aussagekraft. Dennoch ist dieser Ansatz inzwischen weitverbreitet.

Die TRI-MONY-Sozialbilanz könnte ein fehlendes Bindeglied für den ESG-Ansatz darstellen, um Beliebigkeit in der grundsätzlichen Bewertung zu eliminieren.

**TRI-MONY ist der radikale Baukasten für eine geistige Evolution hin zu Wirtschaft 6.0.**

TRI-MONY konkretisiert Mutter Teresas allgemeine Forderung: „Gib so viel, bis es dir wehtut!", mit:

- einer exakten monetären Zielgröße,
- inhaltlicher Strenge,
- sinnvollem zeitlichem Timing,
- einer praxisfreundlichen Form einer Sozialbilanz.

# 5 Ausblick und Zukunft

## 5.1 Statistiken verfälschen den Blick

Zukunftsprognosen sind für uns Menschen schwierig. Es ist schwer möglich, statistisch belegte Entwicklungen der Vergangenheit sicher auf die Zukunft zu projizieren.

Blicken wir kurz auf die Vergangenheit und insbesondere auf die Millenniums-Entwicklungsziele der Vereinten Nationen: Wie mit diesen Zielen umgegangen wird, sei beispielhaft anhand von Zahlen zur Beseitigung der extremen Armut gezeigt.

Im Folgenden finden sich fett gedruckte Aussagen aus dem Bericht der Vereinten Nationen von 2015:
**„Die extreme Armut ist in den letzten 20 Jahren deutlich zurückgegangen. 1990 lebte fast die Hälfte der Bevölkerung der Entwicklungsländer von weniger als 1,25 US-Dollar pro Tag. Dieser Anteil ist 2015 auf 14 Prozent gesunken.**

**Weltweit fiel die Zahl der in extremer Armut lebenden Menschen zwischen 1990 und 2015 um mehr als die Hälfte, von 1,9 Milliarden auf 836 Millionen. Die größten Fortschritte stellten sich seit 2000 ein.“**

Das klingt auf den ersten Blick beeindruckend. Aber ist es das wirklich?

Denn wir wissen nicht, wie sich die Bevölkerung in den Entwicklungsländern absolut verändert hat. Damit sagen die Prozentwerte für die Entwicklungsländer zunächst einmal nichts aus. Die Weltbevölkerung ist in diesem Zeitraum von 5,3 Milliarden auf 7,3 Milliarden Menschen gestiegen. Es wird hier meines Erachtens bewusst mit Prozentsätzen gearbeitet, weil die absoluten Zahlen schlechter aussehen. Später hierzu mehr.

Auch die Angabe zur weltweiten extremen Armut ist diffus. Es wird außen vorgelassen, dass die als Grenze geltende Kaufkraft von 1,25 US-Dollar im Jahr 1990 aufgrund von Inflation im Jahr 2015 einer Kaufkraft von 0,175 US-Dollar/Tag entsprach (86 Prozent Inflation des US-Dollar in den USA). Wenn „mehr als die Hälfte von 1,9 Milliarden Menschen" inzwischen von „mehr als 1,25 US-Dollar" pro Tag lebt, aber die Währung inzwischen 86 Prozent an Kaufkraft verloren hat, ist das dann gut oder schlecht? Es ist definitiv schlecht für diejenigen, deren Einkommen pro Tag nicht um 86 Prozent gestiegen ist, denn dann sind diese Menschen immer noch extrem arm.

In den Teeplantagen in Indien kostet heute eine Schüssel Reis ohne Fleisch aufgrund besagter Inflation 1,50 US-Dollar. Ist es nicht schon fast zynisch, dass der Ernährer einer ganzen Familie, dem im Jahr 2015 z.B. eben jene 1,50 US-Dollar pro Tag für die gesamte Familie zur Verfügung stehen, nicht als extrem arm gilt?

**„Der Anteil unterernährter Menschen in den Entwicklungsregionen ist seit 1990 um beinahe die Hälfte zurück-**

**gegangen, von 23,3 Prozent in den Jahren 1990–1992 auf 12,9 Prozent in den Jahren 2014–2016."**

Dass sich der Anteil der unterernährten Menschen von 23,3 auf 12,9 Prozent reduziert hat, entspricht einer Abnahme um 45 Prozent: Waren 1990 noch 100 Menschen unterernährt, waren es 2015 nur noch 55. Da die Weltbevölkerung in dieser Zeit von 5,3 Milliarden auf 7,3 Milliarden Menschen angewachsen ist, würde sich – wenn dieser Faktor auch auf Entwicklungsländer zutrifft (was er sicherlich mehr als tut) – die Entwicklung in absoluten Zahlen jedoch anders darstellen: Demnach wären 1990 rund 1,23 Milliarden Menschen (= 23,3 Prozent von 5,3 Milliarden) unterernährt gewesen, 2015 noch rund 0,94 Milliarden (= 12,9 Prozent von 7,3 Milliarden). Das heißt, von ehemals 100 unterernährten Menschen 1990 wären es 2015 immer noch 76. Das entspricht einer Abnahme um nur noch 26 Prozent. Die Verwendung von Prozentangaben kann also schlechtere absolute Entwicklungen schönen.

Zuletzt noch eine Verknüpfung o.g. Zahlen: Wenn in den Entwicklungsregionen/-ländern 14 Prozent der Menschen als extrem arm und 12,9 Prozent als unterernährt gelten, dann lässt dies den Rückschluss zu, dass nahezu jeder extrem arme Mensch auch unterernährt ist. Weltweit sind dies laut obigen Angaben über 800 Millionen Menschen.

Wenn also schon die Aufbereitung vergangenheitsorientierter Statistiken diese eklatanten Unsicherheiten aufwirft, dann ist es mit zukunftsorientierten Prognosen nicht einfacher. Hinzu kommt, dass Statistiken immer dann schwierig sind, wenn Auftraggeber und Ersteller dieselbe Institution sind.

Eine Entwicklung hin zu einer Wirtschaft 6.0 ist dann vonnöten, wenn sich die Zustände in der Welt nicht auf andere Art und Weise drastisch verbessern. Beantworten Sie sich hierzu bitte diese Fragen:

- Glauben Sie, dass die Staaten dieser Welt Kriege und Stellvertreterkriege um Rohstoffe und sonstige geostrategische Ziele einstellen werden, weil sie Krieg als Mittel der Wahl aus einer ethisch-pazifistischen Erkenntnis heraus „nicht mehr gut" finden werden?

- Glauben Sie, dass die Konsumenten der reichen Welt kurzfristig ihr Konsumverhalten drastisch dahingehend verändern werden, zugunsten der Ärmsten dieser Welt weniger zu konsumieren, und dies vermehrt nur noch von ökologisch-sozial fairen Herstellungsbetrieben?

- Glauben Sie, dass Unternehmen von sich aus freiwillig und kurzfristig auf die Idee kommen, ohne eine externe „freundliche Aufforderung" auf wesentliche Teile des Profits zugunsten ökologisch-sozialer Verbesserungen zu verzichten?

- Glauben Sie, dass die Politik, die Wirtschaftswissenschaften oder supranationale Einrichtungen wie die Vereinten Nationen eine schnelle, konkrete und effektive Lösung für die ökologisch-sozialen Missstände dieser Welt finden, die sich nicht nur in Hochglanzprospekten, sondern in der realen Welt manifestiert?

Wenn Sie bei diesen Fragen zur Antwort „Nein" tendieren, dann haben wir etwas gemeinsam.

Wenn Sie zudem dennoch denken, dass die Welt eine radikale Lösung benötigt, die naturgemäß manch Beteiligtem ökonomisch wehtun darf, ohne ihn finanziell in den Ruin zu stürzen, und wenn Sie solch eine Lösung wie TRI-MONY eventuell sogar noch elegant finden, dann finden Sie mich erneut an Ihrer Seite.

## 5.2 Von der Theorie zur praktischen Umsetzung

Falls Sie sich fragen, weshalb ich dieses Konzept erdacht habe, mir die Mühe dieses Buches gemacht habe und das Konzept auch noch in meiner Firma umsetze, dann versuche ich es mit dieser Antwort in aller Kürze:

Im Jahr 2008 hatte ich eine berufliche Sinnkrise. Ein „Immer-weiter-so" erschien mir angesichts der Endlichkeit meiner persönlichen beruflichen Schaffenszeit fraglich, es fehlte die intrinsische Motivation. Finanziell hatte ich ein gutes regelmäßiges Einkommen, aber auch damals nicht ausgesorgt. Dann kam mir, parallel zu meinen ersten beruflichen Gehversuchen in Asien, die Grundidee zu TRI-MONY. Hauptauslöser war ein sich aufdrängendes Mitgefühl mit den Menschen, die in Asien unter damals teilweise schlimmen Umständen indirekt bei Zulieferbetrieben für meine Firma arbeiteten. Beratende Freunde hatten mir von der Umsetzung dann jahrelang abgeraten („das versteht doch niemand", „das bringt doch nichts", „Utopist").

Erst im Jahr 2012 setzte ich mich darüber hinweg und legte los, denn worauf sollte ich angesichts meiner eigenen Endlichkeit noch warten? Eine Erfolgsgarantie würde mir auch später niemand ausstellen. Das wirtschaftliche Risiko war dabei nicht unerheblich, denn ich gehörte nicht zur Riege besagter wohlhabender Unternehmer. Zudem ist es durchaus anspruchsvoll, unseren sehr geschätzten Kunden zu erklären, dass unser ökosoziales Engagement nicht dadurch finanziert wird, dass ein Kunde mehr für ein Produkt bezahlt, als er ohne das System müsste, sondern dass dies durch den Verzicht des Eigentümers auf Gewinn finanziert wird. Aufrichtigen Dank an dieser Stelle unseren Kunden, denn ohne sie gäbe es meine Firma nicht.

Zum Thema Mitgefühl:
Wir Menschen haben das Potenzial zu Mitgefühl. Wir dürfen uns tagtäglich dafür oder dagegen entscheiden. Wichtig ist meines Erachtens, dass wir diese Entscheidung bewusst treffen und, wenn wir uns für ein gelebtes Mitgefühl entscheiden, auch konsequent umsetzen und nicht „am Kirchenausgang" wieder vergessen. Das ist unsere Verantwortung als Menschen.

Warum also habe ich die praktische Umsetzung gewählt? Weil ich die intrinsische Motivation suchte, weil ich Mitgefühl mit ausgebeuteten Arbeitern in China empfand, weil mir die Idee zu TRI-MONY dann dankenswerterweise über den Weg lief und weil ich aufgrund meines Unternehmertums in China dazu in der Lage war.

Aber viel wichtiger, jetzt zu Ihnen:

Wenn Sie ein dem Konzept zustimmender Leser sind, aber kein Unternehmer, dann könnten Sie ein Teil der Umsetzung von TRI-MONY sein, indem Sie dieses Buch jemandem schenken, der selbst Unternehmer ist. Oder Sie geben den Inhalt von TRI-MONY an Freunde weiter, die Unternehmer kennen, oder an unsere Jugend in Schulen, Ausbildungsbetrieben und Universitäten, die die Gestalter der unmittelbar anstehenden Zukunft sein werden. Werden Sie Vorbild im Anspruch, dass unsere Wirtschaftswelt sozialer werden soll! Dieses Buch soll kein Kettenbrief sein, aber dennoch: An wen könnten Sie/könntest Du dieses Buch weitergeben?

Sind Sie wirtschaftlich selbstständig, dann haben Sie sich eventuell schon mit dem Gedanken auseinandergesetzt, ob und wie man als Unternehmer ökologisch-sozial aktiv sein kann. Falls Sie sich in einer frühen Phase des Unternehmensaufbaus befinden, haben Sie eventuell nicht die Kapazitäten, um sich mit TRI-MONY vollends auseinandersetzen zu können. Sie könnten dann die Inhalte von TRI-MONY partiell umsetzen (z. B. Fokussierung auf die sozialen Belange innerhalb des Unternehmens).

Steht Ihr Unternehmen allerdings in seiner grundsätzlichen Konzeption, dann darf ich etwas augenzwinkernd anmerken, dass genau heute der erste Tag des Rests Ihres beruflichen Wirkens ist. Sie können das Konzept mit sich selbst und den Entscheidungsträgern Ihrer Firma bewerten. Ein interner Workshop kann hier fantastische Energien freisetzen. Und lassen Sie sich dabei nicht von notorischen Bedenkenträgern entmutigen!

Ist Ihr Unternehmen bereits sozial aktiv, dann können Sie diese Aktivitäten auf die vier Neuerungen von TRI-MONY hin abklopfen. Ist Ihr System radikaler (= von noch höherer öko-sozialer Wirkung) und Sie sind damit zugleich erfolgreich und zufrieden, werden Sie wahrscheinlich keinen Änderungsbedarf erkennen, und TRI-MONY dient als sinnvolle Vergleichsgröße („Benchmark"). Gibt es allerdings noch kein System oder hat Ihr System Optimierungspotenzial, dann kann TRI-MONY Ihnen eine Richtung weisen, wie ein neues oder modifiziertes öko-soziales Wirksystem Ihrer Firma aufgestellt sein kann.

Handelt es sich bei Ihrer Firma um eine große Aktiengesellschaft oder eine Firma mit vielen privaten und/oder institutionellen Eigentümern oder ist der Eigentümer am Ende sogar bereits eine Stiftung (siehe Firma Bosch AG), dann sind die Entscheidungswege zunächst einmal wahrscheinlich komplex. Das entbindet die Firma aber dennoch nicht von der Verpflichtung, sich vielleicht mehr als bisher Gedanken um einen öko-sozialeren Umgang mit dem Thema Profit zu machen. Auch hier liegt es an jedem Einzelnen, die Dinge in die Hand zu nehmen und voranzutreiben.

Auch wenn Sie sich als Angestellter nicht mächtig fühlen, hier können Sie allein durch das Vorstellen des Themas etwas „unternehmen". Bilden Sie eine Social-Media-Interessengruppe, oder schenken Sie dieses Buch über die Hauspost Ihrem CEO. Letzteres finde ich extrem charmant. Ich stelle mir gerade vor, wie der CEO Lloyd Blankfein der US-Bank Goldman Sachs auf einmal Tausend gelesene und mit Kommentaren vollgekritzelte Bücher auf seinem Tisch vorfindet. Aber im Ernst, es gibt viele

Möglichkeiten – und die charmanten sind nicht die schlechtesten.

Sind Sie ein Investor oder beruflich für einen Investor tätig, dann werden Sie bei der Auswahl der Anlageobjekte auf die klassischen Renditekennzahlen und eventuell auf das Bewertungssystem ESG achten. Mit TRI-MONY können Sie neben den bisherigen Kennzahlen noch eine Zahl wie den TRI-MONY-Gesamt-Score verwenden, um Unternehmen auch in der öko-sozialen Wirkung zu bewerten. Es gibt immer mehr Investoren, die als Portfoliobeimischung durchaus auch in öko-sozial aktive Unternehmen investieren möchten. Bei Firmen, die nach dem TRI-MONY-Prinzip arbeiten, erhalten Investoren das Wissen, dass ihre Investition öko-sozial in den Bereichen CC und CSR wirkt und damit auch eine öko-soziale Dividende generiert. Mit der TRI-MONY-Sozialbilanz erfahren Sie sogar auf leicht verständliche Weise Details der öko-sozialen Investition. Da TRI-MONY noch kein Standard ist, könnten Sie sich innerhalb ihres beruflichen Wirkens dafür einsetzen, dass Firmen TRI-MONY verwenden oder zumindest kennenlernen.

Alle Dinge beginnen mit einem ersten Schritt.

Benötigen Sie bei der Einführung von TRI-MONY Beratung, oder möchten Sie mit mir einen Erfahrungsaustausch beginnen, sind Sie herzlich eingeladen, mit mir in Kontakt zu treten: *info@tri-mony.org*.

## 5.3 Die Zukunft von TRI-MONY

TRI-MONY wird sicherlich Kritik erfahren. Gerade die Forderung einer Verwendung von zwei Dritteln eines Profits für ökologisch-soziale Zwecke ist anspruchsvoll. Aber erstens gilt diese Forderung primär nur für Unternehmensinhaber, die sich selbst in einer monetär wohlhabenden Situation befinden und an keiner ökonomischen Not leiden, und zweitens ist der ökologisch-soziale Schaden, den gerade Unternehmen bereits angerichtet haben, so immens, dass sowohl zeitlich als auch in der Höhe der aufzubringenden Mittel so radikal als möglich gehandelt werden sollte. Wer behauptet, die Situation sei nicht so drastisch und ein Weniger an Mitteln würde ebenfalls zum Ziel führen, soll dies bitte konkret beweisen.

Mein Team und ich planen deshalb – bei aller Vorsicht mit Prognosen – die folgenden Schritte:
Es ist unser Ziel, TRI-MONY „in die Welt der Unternehmensinhaber und Investoren hinauszutragen". Wir können heute noch nicht abschätzen, welche Mittel uns hierfür zur Verfügung stehen werden, aber wir werden uns darum bemühen.

Die Zukunft von TRI-MONY sollte dergestalt sein, dass ein Zahlenwerk wie das der TRI-MONY-Sozialbilanz von einer externen Einrichtung unter Umständen beratend erstellt und verifiziert wird. Die Aussagekraft sollte eindeutig sein und Probleme der Interpretation vermeiden. Auch sollte es eine Organisation geben, die anderen Unternehmen dabei hilft, TRI-MONY für sich zu bewerten und gegebenenfalls einzuführen. Wir werden uns um eine diesbezügliche Einrichtung bemühen.

Definitiv werden wir TRI-MONY auf eigene Kosten auch international und damit in weiteren Sprachen propagieren. Auch werden wir uns aktiv um eine Diskussion mit diversen Bildungseinrichtungen und staatlichen Organisationen bemühen.

Sie sind alle herzlich eingeladen, uns auf diesem Weg – aktiv oder passiv – zu begleiten.

Sie wissen ja: Wenn nicht jetzt, ...?!

**Zusammengefasst:**

TRI-MONY bringt im Sinne einer Wirtschaft 6.0 für Unternehmen Profitstreben mit ökologisch-sozialem Wirken radikal in Einklang. Es bietet vier Neuerungen, die miteinander verknüpft werden:

1) der radikale partielle monetäre Verzicht,
2) die inhaltliche Strenge,
3) das nachhaltige Timing,
4) die TRI-MONY-Sozialbilanz.

Damit liefert TRI-MONY Eigentümern von Unternehmen ein System, die Welt direkt in einer sozial ausgewogenen Art besser zu machen – unabhängig von schwieriger politischer Gestaltung. Zudem bietet es die Möglichkeit, auch eigenverursachte Missstände zu korrigieren und sich, durch das TRI-MONY-System klug gelenkt, innerhalb der eigenen Wirkwolke innerhalb und außerhalb des Unternehmens für eine radikale Verbesserung öko-sozialer Umstände einzusetzen. Und das, ohne auf die Interessen der Eigentümer per se negativ zu wirken, sondern indem zusätzlich zu einer bescheideneren monetären Dividende noch eine zweidimensionale ökologisch-soziale Dividende generiert wird. Es entsteht eine Harmonie zwischen den Interessen der Unternehmer, den Interessen im Unternehmen (Mitarbeiter und Ökologie) und denen der Gesellschaft (Mensch und Natur).

# Statt eines Nachworts

Ein Satz und zehn Bücher, die mich unter vielen anderen inspiriert haben:

*Mutter Teresa zugesprochener Satz:*
„Gib so viel, bis es dir wehtut!"

*Zehn Bücher:*
Uto Meier/Bernhard Sill: *Führung. Macht. Sinn.*, Friedrich Pustet 2010

Ray Kurzweil: *Homo sapiens*, Kiepenheuer & Witsch, 1999

Peter Thiel: *Zero to One*, Virgin Books, 2015

Randy Pausch: *The Last Lecture*, Two Roads, 2008

Khalil Gibran: *Der Prophet*, Anaconda 2010

Papst Benedikt XVI: *Licht der Welt*, Herder, 2012

Papst Franziskus: *Der Name Gottes ist Barmherzigkeit*, Kösel, 2016

Joseph Kardinal Ratzinger: *Salz der Erde*, Heyne, 2004

Hans Küng: *Handbuch Weltethos*, Piper 2012

Dalai Lama: *A force for good*, Bantam 2015

# Danksagung

Fachlich hat mir hinsichtlich TRI-MONY sicherlich Bianca Stadtmüller-Schomber am stärksten unter die Arme gegriffen. Als bestens ausgebildete Kollegin ist sie in meiner Firma für das Thema Corporate Responsibility zuständig, und sie hat es in den vielen Hunderten an Stunden des gemeinsamen Denkens und Grübelns wahrscheinlich nicht immer leicht mit mir gehabt. Gemeinsam stemmen wir die konkrete firmeninterne Umsetzung von TRI-MONY.

In meiner Familie hat mir meine Lebenspartnerin Mareile im Gedankenaustausch sehr zur Seite gestanden: Du bist an meiner nicht wissenschaftlichen Art des Schreibens des Öfteren verzweifelt.

Mein 16-jähriger Sohn Niclas hat „stellvertretend" für die Generation Z Stellung bezogen: Wenn ich mir Dich, Deine Geschwister und Deinen Freundeskreis so ansehe, dann bin ich für unsere Zukunft positiv gestimmt.

Euch allen aufrichtigen und lieben Dank!

Ich habe den Text einigen weiteren Bekannten, Freunden und Kollegen zum Probelesen gegeben und danke auch euch allen von Herzen für das wertvolle Feedback.

Auch dem Team von Frankfurter Allgemeine Buch sei an dieser Stelle herzlich gedankt. Zum einen dafür, dass sie sich diesem

Thema in unserer Profit-getriebenen Welt überhaupt angenommen haben. Zum anderen empfand ich die Zusammenarbeit als angenehm unkompliziert und sehr produktiv.

# Literaturverweise / Quellen

Bereits ab Kapitel 3 stammen die Inhalte im Wesentlichen vom Autor. Ich bin selbstverständlich durch vielfältige Literatur geprägt worden. Dank des Internets sind alle im Buch genannten Sachverhalte inzwischen leicht eigenständig recherchierbar. Alle im Text genannten Normen, z. B. nach ISO oder OHSAS (bzw. die internationalen Ansätze in Kapitel 2.4), sind im Internet ebenfalls leicht aufzufinden.

Vor allen Dingen zu den Sachverhalten, bei denen ich Kritik an bestehenden Systemen äußere, habe ich im Folgenden einige Verweise aufgeführt:

**Einleitung:**
Kritik an Wirtschaftswissenschaften:
www.goldseiten.de/artikel/317864--Die-post-reale-Wirtschaft.html

**Kapitel 1:**
https://www.welt.de/print/welt_kompakt/print_wirtschaft/article143653379/Weniger-Menschen-in-extremer-Armut.html

http://www.spiegel.de/wissenschaft/mensch/who-bericht-zu-trinkwasser-versorgung-und-toiletten-hygiene-a-968283.html

**Kapitel 1.5:**
http://userpage.fu-berlin.de/~roehrigw/

**Kapitel 2.1:**

http://anticsr.com/social-business-criticism/

**Kapitel 2.2:**

http://www.zeit.de/wirtschaft/2014-10/fair-trade-etiketten-schwindel

https://www.brandeins.de/archiv/2013/fortschritt-wagen/wie-fair-ist-fairtrade/

**Kapitel 2.3:**

https://en.wikipedia.org/wiki/Benefit_corporation
https://en.wikipedia.org/wiki/B_Corporation_(certification)

**Kapitel 2.4:**

https://www.iso.org/iso-26000-social-responsibility.html

Folgende Begriffe wurden von mir geschaffen bzw. definiert. Diese Begriffe sind neu bzw. habe ich hierzu keine Definition im Internet gefunden:

*Wirtschaft 6.0*

*TRI-MONY*

*Wirkwolke*

*Wertzustand*

*Soziales Asset*

*Sozialer Cashflow*

*Radical CSR*

*Radical CC*

*Homo harmonicus*

# Der Autor

Frank Martin Püschel (geb. 1969) lebt in Deutschland in Leistadt/ Bad Dürkheim und Mannheim und arbeitet in seiner Firmengruppe vornehmlich in Asien und Europa. Das Schreiben von Büchern entwickelte sich ursprünglich über spontane Gute-Nacht-Geschichten für seine Kinder. Über das berufliche Arbeiten erlebt Frank Martin Püschel seit dem Jahr 1997 bis heute das Leid der Wanderarbeiter in Asien. Als sich Ende 2012 die Möglichkeit bot, in der eigenen Produktionsstätte in Shenzhen, China, die öko-sozialen Bedingungen für Wanderarbeiter würdevoll und nachhaltig zu gestalten, entwickelte sich daraus das neuartige Wirtschaftskonzept TRI-MONY.

Das darauf basierende Buch „Radical Change" ist ein Appell an die Gesellschaft für eine neue Form des Wirtschaftens, um gerade den unternehmensverursachten öko-sozialen Problemen unserer Welt eine radikale Lösung anzubieten.

Jelena Mitsiadis, Manfred Pohl
Die Erde als Spielball
112 Seiten | Hardcover
ISBN: 978-3-96251-007-7 | 18,00 €

Der Mensch entscheidet, ob und wie die Erde weiterbesteht. Doch trotz des zunehmenden Umweltbewusstseins gelingt es nicht, dem Klimawandel entgegenzuwirken. Daher hat der renommierte Thinktank „Frankfurter Zukunftsrat" mögliche Lösungsansätze zusammengestellt: Lesen Sie die leicht verständlichen „Zukunftsarbeiten" von interdisziplinären Kapazitäten.

Peter Creutzfeldt
**(Selbst-) Führen in der Arbeitswelt 4.0**
240 Seiten | Hardcover
ISBN: 978-3-95601-227-3 | 24,90 €

9 783956 012273

Sie sind kein „Digital Native", stehen aber vor den
Herausforderungen der Arbeitswelt 4.0? Dann lernen
Sie von dem Achtsamkeits-Experten und Coach Peter
Creutzfeldt, wie Sie mit alltagstauglichen Übungen
sich selbst und andere durch den digitalen Arbeits-
alltag führen können – ohne in Stressfallen zu tappen
und sich durch Überforderung auszulaugen.

Run Wang, Wolfgang Maennig,
Wolf D. Hartmann
**Chinas neue Seidenstraße:
Kooperation statt Isolation**
214 Seiten | Hardcover
ISBN: 978-3-95601-224-2 | 19,90 €

Das Buch behandelt die chinesische Vision neuer Welt-
handelsrouten im 21. Jahrhundert – die „Belt & Road"-
Initiative. Lesen Sie, ob für die betroffenen Wirtschafts-
regionen die Chancen oder Risiken der Seidenstraße-
Initiative überwiegen und ob es nicht an der Zeit ist,
über neue Formen der weltweiten Kooperation statt
Konfrontation nachzudenken.